ÉNUMÉRATION

DES

ENTOMOLOGISTES

VIVANS,

SUIVIE

DE NOTES SUR LES COLLECTIONS ENTOMOLOGIQUES DES PRINCIPAUX MUSÉES D'HISTOIRE NATURELLE D'EUROPE, SUR LES SOCIÉTÉS D'ENTOMOLOGIE, SUR LES RECUEILS PÉRIODIQUES CONSACRÉS A L'ETUDE DES INSECTES, ET D'UNE TABLE ALPHABÉTIQUE DES RÉSIDENCES DES ENTOMOLOGISLES.

PAR

G. SILBERMANN,

L'UN DES ADMINISTRATEURS DU MUSÉUM D'HISTOIRE NATURELLE DE STRASBOURG, MEMBRE DE LA SOCIÉTÉ DU MUSÉUM D'HISTOIRE NATURELLE DE LA MÊME VILLE, ET DE LA SOCIÉTÉ ENTOMOLOGIQUE DE FRANCE.

PRIX, 3 FRANCS.

PARIS,

CHEZ RORET, LIBRAIRE, RUE HAUTEFEUILLE, N° 10 *bis*.

LUNÉVILLE,

CHEZ CREUZAT, LIBRAIRE, GRAND'RUE, N° 13.

1835.

STRASBOURG, IMPRIMERIE DE G. SILBERMANN,
PLACE SAINT-THOMAS, N° 3.

AVANT-PROPOS.

M. Jean Gistl, de Munich, a publié, au mois de septembre dernier, une liste des entomologistes vivans, rédigée en langue allemande. Pénétré de l'utilité que devait offrir un pareil ouvrage, je me décidai à le traduire en français; mais je m'aperçus bientôt qu'il était à refaire.

Mon travail n'a pu paraître aussi promptement que je le pensais d'abord. Il fallait quelque temps pour réunir tous les renseignemens qu'il exigeait. J'ouvris une correspondance étendue, tant en France qu'en Allemagne, en Angleterre, en Espagne, en Suisse, en Hongrie, etc., et partout les entomologistes auxquels je m'adressai s'empressèrent de me communiquer les détails que je leur demandais. Les citer tous ici, serait trop long; mais je ne puis résister au besoin de remercier publiquement MM. Chevrolat, Alexandre Lefebvre, à Paris; Thion, à Orléans; Cailliaud, à Nantes; Macquard, à Lille; de Villiers, à Chartres

Barthélemy, à Marseille; Roger, à Bordeaux; Cantener, à Colmar; Campo, à Barcelonne; Melly, à Manchester; Kunze, à Leipsig; de Roser, à Stoutgard; le sénateur de Heyden, à Francfort; Friwaldszky, à Pesth, et M. Gistl lui-même, qui a bien voulu me communiquer de nombreuses rectifications à son ouvrage.

C'est le résultat de cette correspondance et de recherches multipliées que j'ai faites avec les soins les plus scrupuleux, que je viens offrir à mes confrères en entomologie.

Qu'on ne s'attende pas à trouver des notices biographiques dans ce petit ouvrage. Mon seul but a été de réunir en un tableau les noms des entomologistes vivans, afin de faciliter entre eux les relations si nécessaires à l'étude des insectes; de joindre à chaque nom l'adresse aussi exacte que possible, la partie dont chaque entomologiste s'occupe et l'indication des principaux services qu'il a rendus à la science.

On conçoit qu'une liste de ce genre ne peut être ni entièrement exacte, ni tout-à-fait complète. Ce qui était vrai aujourd'hui pour telle personne, peut ne plus l'être demain. Toutefois, je le répète, je me suis donné beaucoup de peine pour rendre ce travail le moins défectueux possible. Qu'on ne veuille donc attribuer les omissions qu'on y remarquerait qu'à des fautes bien involontaires. Je recevrai avec reconnaissance toute rectification qu'on voudra m'adresser à ce sujet, pour l'utiliser dans une seconde édition, si j'étais jamais dans le cas de la faire.

Après la liste des entomologistes, j'ai donné un aperçu des collections publiques d'entomologie dans les principaux musées d'histoire naturelle d'Europe; je le fais suivre de quelques notes sur les sociétés entomologiques et les recueils périodiques consacrés aux insectes.

Enfin, pour rendre ce recueil plus commode aux voyageurs, je l'ai terminé par une table alphabétique des villes où résident des entomologistes.

Strasbourg, le 31 mars 1835.

G. Silbermann.

ÉNUMÉRATION

DES

ENTOMOLOGISTES VIVANS.

ABELI (Jean), collecteur d'insectes, à Prague.

ACKERMANN; a séjourné pendant dix ans au Brésil, et en a rapporté beaucoup d'objets d'histoire naturelle, et notamment des insectes qu'il a vendus en grande partie; à Carlsrouhe, rue de l'Académie, n° 22.

AGASSIZ (Louis), docteur en médecine et en philosophie, professeur de zoologie, à Neufchatel, en Suisse. Naturaliste distingué; il s'est occupé des insectes du canton de Vaud.

AGEZ, professeur au gymnase d'Altenbourg (principauté de Saxe-Gotha); s'occupe d'entomologie.

AHLSTEDT, entomologiste, à Abo, en Finlande.

AHRENS (Aug.), membre de la Société des naturalistes, à Halle; a publié plusieurs traités sur l'entomologie; à Hettstædt, comté de Mansfeld (Prusse).

AHRENS, professeur de mathématiques au lycée d'Augsbourg; très-bon entomologiste; possesseur d'une belle collection d'insectes.

AHRENS (Hugo), fils du précédent. Il connait bien les insectes d'Europe; se trouve à Alger.

ALAVOINE (Albert), propriétaire, à La Bassée, près de Lille (département du Nord), membre de la Société entomologique de France; s'occupe des coléoptères du pays; sa collection est surtout riche en espèces aquatiques.

ALLERON, menuisier, à Perpignan, très-bon chasseur; s'occupe de coléoptères, autant que les occupations de son état le lui permettent.

Allouis, au Fort-Royal, à la Martinique.

Am-Stein (J. R.), major, membre de la Société helvétique des sciences naturelles, à Malans (canton des Grisons, en Suisse).

Amyot (Ch. J. B.), avocat, à Paris.

Anderegg, marchand d'insectes, à Gamsen, près de Brigg (Suisse); s'occupe principalement de lépidoptères dont il possède toujours des espèces rares et bien conservées, de Suisse, d'Italie, d'Autriche et du midi de la France.

Andersch, docteur, à Berlin; s'occupe de lépidoptères.

Andréossy, propriétaire, possède une belle collection de coléoptères; à Castelnaudary (Aude).

Angelini (Bernardino), entomologiste, à Vienne.

Angerer, lieutenant au 4e régiment de ligne bavarois; il collecte activement les lépidoptères; à Ratisbonne.

Anslyn (B.), à Harlem.

Apatz; s'occupe de lépidoptères; à Altenbourg.

Arnold, géomètre en chef, à Munich; possède une belle collection de lépidoptères; très-bon observateur.

Arvisenet, négociant, à Châlon-sur-Saône; s'occupait précédemment de coléoptères, mais y a renoncé en faveur de lépidoptères, dont il possède une belle et nombreuse collection.

Aubé, membre de la Société entomologique de France, rue des Vieilles-Audriettes, nº 4, à Paris; auteur d'une excellente *Monographie des Psélaphiens;* s'occupe principalement des petits coléoptères d'Europe.

Audinet-Serville (J. G.), membre de plusieurs sociétés savantes, etc., rue de Buffaut, nº 21 *bis*, à Paris; entomologiste célèbre; l'un des rédacteurs de la partie entomologique de *l'Encyclopédie méthodique*, auteur de plusieurs mémoires intéressans, et tout récemment d'une nouvelle classification des *Longicornes*.

Audouin (J. V.), docteur en médecine, professeur d'entomologie au Muséum de Paris, bibliothécaire de l'Institut, président de la Société entomologique de France, membre de plusieurs sociétés savantes, etc.; très-connu par une foule de travaux importans sur l'entomologie, et le zèle qu'il met à classer et à enrichir les collections entomologiques du Muséum de Paris.

AUGUSTE (Henri) directeur du dépôt de mendicité, à Bordeaux; possède une très-belle collection de lépidoptères.

AUJUBAULT, entomologiste, au Mans (Sarthe).

AURAN (Théod.), propriétaire; s'est beaucoup occupé de lépidoptères, mais paraît y avoir renoncé maintenant; à Hyères (Var).

BÆR (C. F. de), docteur et professeur, à Pétersbourg.

BACHMAN; possède une belle collection de coléoptères; à Charleston, en Caroline.

BALMA (Fréd.), marchand de lépidoptères, aux Pélerins, à Chamouny (Suisse).

BALSER, docteur-médecin, conseiller intime et professeur de médecine à Giessen (grand-duché de Hesse); possède une collection d'insectes de tous pays.

BANON, pharmacien en chef à l'hôpital militaire de Toulon; a fait un séjour de plusieurs années à Cayenne, dont il a rapporté quantité de coléoptères; possesseur d'une belle collection de coléoptères.

BARDET DE LONGUESSE; possède une collection de coléoptères et de lépidoptères d'Europe et quelques exotiques; à Paris, rue Chabannais, n° 6.

BARIDON (J. A. F.), membre de la Société entomologique de France, de l'Académie des gardes et de la Société linnéenne; possède une belle collection de lépidoptères bien nommée; à Baucaire (département du Gard).

BARTELS; à Pétersbourg.

BARTHÉLEMY, conservateur du Muséum d'histoire naturelle de la ville de Marseille, membre de la Société entomologique de France; possédait une collection de coléoptères remarquable par la beauté des sujets appartenant en majeure partie aux contrées intertropicales. Il en a fait don au Muséum qu'il dirige, et il est à portée, par ses relations nombreuses, de l'augmenter considérablement. Il a publié, dans le temps, la description d'une *Cicindèle* africaine qu'il a dédiée à M. Latreille, du vivant de ce savant naturaliste; on lui doit la connaissance d'une espèce nouvelle dans le genre *Graphipterus*, la rectification de la patrie du *Plochionus Bonfilsii* qui n'est point propre au midi de la France, mais bien à l'une des îles du Vent, la Martinique; enfin, des observations lues à la Société de statistique de Marseille, sur une espèce d'insecte de l'ordre des diptères, dont la larve a été, cette année, essentiellement nuisible au fruit de l'olivier.

Bartling, professeur de botanique; s'occupe de lépidoptères; il les connaît parfaitement; à Gœttingue.

Bassi (le chevalier Charles); à Milan; membre de la Société entomologique de France; s'est attaché de préférence aux coléoptères, dont il possède une collection riche en espèces d'Italie. Quoiqu'il ne s'occupe que depuis peu de temps d'insectes, le zèle qu'il met à leurs recherches, et les connaissances qu'il s'est déjà acquises, lui assureront un rang distingué parmi les entomologistes. Il a publié, dans le *Magasin de Zoologie*, plusieurs espèces nouvelles. Il a fait un voyage en Sicile, et y a découvert le genre *Chiron*, qui jusque-là était exotique. En ce moment il visite la Russie.

Bastard, docteur et naturaliste, à Châlon-sur-Saône; possède une belle collection d'insectes qu'il a formée avec les soins les plus minutieux.

Baudet-Lafarge (M. J.), membre de la chambre des députés, de la Société entomologique de France; à Maringe (département du Puy-de-Dôme); a fait partie de l'armée d'Égypte; s'est occupé avec succès d'entomologie et possède une collection de coléoptères.

Baudry de Balzac, docteur en médecine, professeur d'histoire naturelle, membre de la Société entomologique de France, rue Montbauron, n° 18, à Versailles.

Bauer, docteur-médecin, à Ober-Aula, près de Hersfeld (électorat de Hesse); collecte des insectes.

Bayle-Barelle, entomologiste à Milan; a publié en 1809 un écrit intitulé : *S'aggio intorno agli insetti novici*, etc. J'ignore s'il vit encore.

Bazelet (Mme de); à Saint-Mathurin, près d'Angers (Maine-et-Loire); possède une collection de coléoptères.

Beaulieu; jeune amateur de lépidoptères; à Haguenau (Bas-Rhin).

Becker (Joseph), naturaliste, à Wiesbaden (duché de Nassau); s'occupe de lépidoptères, dont il possède beaucoup de doubles qu'il offre en échange ou en vente. (Voy. *Revue entomologique*, tom. II, p. 283.)

Becquerey; auteur d'un mémoire sur *la Chaleur des invertébrés*.

Bedeau, chirurgien militaire; a voyagé en Espagne et en Portugal, d'où il a rapporté en France une belle suite de coléoptères. Il est maintenant attaché à l'hôpital militaire d'Alger.

Behrer; à Épinal (Vosges); s'occupe depuis peu de temps d'entomologie, mais y met beaucoup d'activité.

Bell (Thomas), premier éditeur du *Zoological-Journal*, à Londres.

Bennassi (François); à Rio-Janéiro; a fait, il y a quelques années, un voyage à Paris, et a apporté une très-belle collection d'insectes du Brésil.

Benteli (Emmanuel), notaire, membre de la Société helvétique des sciences naturelles; à Berne.

Beraldingen (le comte); a fait un mémoire sur les *Bostrichus typographus* et *villosus* qui a été lu, en 1833, à la réunion des naturalistes allemands; à Breslau.

Berendt (G. C.), docteur et entomologiste, à Berlin; a publié, en 1830, un intéressant travail sur les insectes qu'on trouve dans le succin.

Berlioz, horloger; s'occupe de lépidoptéres; à Grenoble (Isère).

Berthet, fabricant-opticien, à Chailloxon (Doubs); s'occupe de toutes les parties de l'entomologie; très-bon observateur.

Berthold (A. A.), professeur à Gœttingue; auteur d'une bonne traduction allemande des *Familles naturelles du règne animal*, par Latreille.

Bertolini fils; à Bologne.

Besser (V. S.), professeur de botanique, à Krzemieniec, en Volhynie; entomologiste très-connu et possesseur d'une riche collection d'insectes de la Russie.

Beske, précédemment marchand-naturaliste, à Hambourg; voyage en ce moment au Brésil, qu'il explore dans l'intérêt de l'histoire naturelle. Il fait des envois d'insectes très-bien conservés, qu'on peut se procurer par actions, en s'adressant à M. Sommer, négociant, à Altona, près de Hambourg. Dans la *Revue entomologique* (tom. Ier, p. 243 et tom. II, p. 166) on trouve de lui des observations sur les mœurs des lépidoptères brésiliens, etc.

Bezel (de), professeur, à Stockholm.

Biedermann, marchand d'insectes ambulant, de Domo-d'Ossola (Lombardie). Ses prix ne sont pas élevés.

Biermann, coiffeur, marchand d'insectes, à Rouen.

Bilberg (G. J.), conseiller, à Stockholm; a publié en 1813 une monographie très-estimée des *Mylabrides*.

Bingley (W.), entomologiste, à Londres; a publié un mémoire sur les *Forficules*.

Binot de Villiers; a fait un voyage en Corse, dont il a rapporté des insectes; à l'hospice de la Salpétrière, à Paris.

Bird (C. S.), membre du collége de la Trinité de Cambridge, collaborateur de l'*Entomological Magazine;* à Burgfield (comté d'Oxford).

Bischoff, bourguemestre, à Linz, en Autriche.

Bischoff (J. R.), professeur et entomologiste, à Vienne.

Blainville (Henri Ducrotay de), professeur au Muséum d'histoire naturelle de Paris, membre de l'Institut, et membre honoraire de la Société entomologique de France.

Blanchard (A.); a publié en 1826, dans le *Bulletin d'histoire naturelle de la Société linnéenne de Bordeaux*, une note sur l'*Ascalaphus italicus* qu'il a pris plusieurs fois dans le département de la Gironde.

Blanchard (Émile), employé au Muséum d'histoire naturelle de Paris; s'occupe d'entomologie.

Blondel (J. H.), architecte et membre de la Société entomologique de France. Ce jeune entomologiste possède une nombreuse collection d'insectes du pays de tous les ordres. Il chasse avec zèle, et sa collection renferme beaucoup d'insectes précieux; à Versailles.

Block (de), à Dresde; cité dans la *Faune* de Panzer.

Blum, meunier, à Wiesbaden (duché de Nassau); collecte des lépidoptères et possède une collection.

Blumenbach (Jean-Fréd.), membre du Conseil supérieur de médecine et professeur, à Gœttingue; célèbre par ses travaux dans les sciences naturelles.

Blutel (J. P. L.), directeur des douanes à La Rochelle, membre de la Société entomologique de France; possède une collection de coléoptères qui renferme des exotiques assez beaux.

Boheman (C. H.); à Grenna et Anneberg, en Suède, membre de la Société entomologique de France, l'un des collaborateurs du *Genera et Species Curculionidum*, de Schœnherr.

Boie (F.), à Kiel; a publié en 1833 un mémoire sur les insectes dans le recueil périodique intitulé l'*Isis*; sa collection de lépidoptères renferme quelques espèces nouvelles.

Boisduval (J. Alph.), docteur-médecin, à Paris, rue de la Vieille-Estrapade, n° 15, membre de plusieurs sociétés savantes, etc.; un des entomologistes les plus distingués de l'époque actuelle. M. Boisduval est connu de tout le monde par ses savans ouvrages sur les lépidoptères indigènes et exotiques. (Voir pour ses derniers écrits: *Revue entomologique*, tom. II, p. 264.) Il possède une des plus riches collections de lépidoptères.

Boisgiraud, à Toulouse.

Boisnouvray (de), membre de la Société des sciences et lettres de Blois; possède une jolie collection de lépidoptères d'Europe, et de très-beaux coléoptères exotiques; à Chartres (Eure-et-Loir), rue de l'Épervier.

Boksch, entomologiste allemand dont j'ignore la résidence; s'occupe de coléoptères.

Bond (William), à Londres; a publié diverses observations dans l'*Entomological Magazine.*

Bonjour; s'occupe de lépidoptères; à Paris, rue des Fossés-du-Temple, n° 77.

Bonpland (Aimé), botaniste et compagnon de voyage au Brésil de M. Al. Humbold. On sait que, long-temps retenu en captivité au Paraguay, par le docteur Francia, il a enfin été rendu à la liberté, et habite maintenant Paris. Il a rapporté beaucoup d'insectes dont Latreille décrivit une partie.

Bonsdorf (E.), entomologiste, à Abo, en Finlande.

Bonsdorf (P. G.), docteur, à Pétersbourg.

Bory de Saint-Vincent (J. B. M.), colonel d'état-major, membre de la Société entomologique de France, correspondant de l'Académie des sciences, à Paris.

Bouché (F. C.), jardinier, à Berlin, membre de la *Société des amis de la nature;* auteur d'un mémoire sur les organes des insectes, d'un ouvrage sur les insectes nuisibles à l'horticulture et d'un ouvrage sur les larves des insectes.

Boudier, pharmacien, membre de la Société entomologique de France, à Montmorency (Seine); possède des insectes de tous les ordres; sa collection de coléoptères renferme seulement les types des genres exotiques; celle des hyménoptères est assez nombreuse; a publié plusieurs mémoires dans les *Annales* de la Société entomologique de France.

Boulard (R. P.), docteur-médecin, membre de la Société entomologique de France, à Orléans (Loiret); s'occupe de coléoptères et de lépidoptères en général, et particulièrement des insectes de France de tous les ordres.

Boyer, pharmacien, à Aix (Bouches-du-Rhône); entomologiste instruit; possède une fort jolie collection de coléoptères de tous pays; il a découvert une espèce d'*Elater* qui a reçu son nom.

Boyer de Fonscolombe, propriétaire, membre de la Société entomologique de France, auteur d'une *Monographia Chalciditum Galloprovinciæ*, et de plusieurs mémoires sur les hyménoptères, insérés dans les *Annales* de la Société; possède une grande collection entomologique; à Aix (Bouches-du-Rhône).

Bowerbank (Jam.), auteur d'un mémoire inséré dans l'*Entomological Magazine*, sous le titre de : *Observations on the circulation of the Blood in Insects*; à Londres.

Brandt, docteur; a publié, dans les *Actes de Bonn*, conjointement avec M. Erichson, une bonne monographie du genre *Meloe*; à Berlin.

Braun (Alex.), professeur d'histoire naturelle à l'école polytechnique de Carlsrouhe (Bade); se trouva précédemment à Munich, où il recueillit avec zèle des insectes, et a publié depuis peu un traité sur l'utilité de l'histoire naturelle.

Brecourt (de), à Estrepagny (Eure).

Bremi (Jacq.), tourneur, membre de la Société helvétique des sciences naturelles; possède une jolie collection d'insectes de tous les ordres, et collecte activement des hyménoptères, des diptères et des hémiptères; à Zurich.

Brigtwel, entomologiste anglais, cité dans le catalogue de Sturm.

Brilmann, à Lyon, place des Pénitens-de-la-Croix, n° 1.

Brongniart (Alex.), membre de l'Académie des sciences, membre honoraire de la Société entomologique de France. C'est pendant sa jeunesse qu'il s'est principalement occupé d'insectes, à Paris.

Bronsheim.

Brown, membre de la Société helvétique des sciences naturelles; à Hofstetten, près de Thun (Suisse); botaniste distingué, s'occupant aussi d'entomologie.

Bruguière (Adol.), négociant, membre de la Société entomologique de France; s'occupe de lépidoptères; à Nîmes (Gard).

Brullé, membre de la commission scientifique de Morée, aide-naturaliste au Muséum d'histoire naturelle de Paris, membre de la Société entomologique de France, auteur de la partie entomologique de l'expédition scientifique en Morée, et de plusieurs ouvrages sur l'entomologie; au Jardin-des-Plantes, à Paris.

Brun, à Lyon; s'occupe de lépidoptères.

Brünner, marchand d'insectes, à Meyringen, canton de Berne.

Brunet (Aug. Gasp.), membre de la Société entomologique de France, à Paris, rue Monsieur-le-Prince, n° 22; doit partir pour l'Amérique.

Bugnion (Ch. J. J.), banquier, membre de la Société helvétique des sciences naturelles, et de la Société entomologique de France; s'est occupé avec grand zèle de lépidoptères, et ce n'est que depuis peu qu'il les a négligés pour les coléoptères; à Lausanne (Suisse).

Bullmann, inspecteur à Halle (?); connu par les *Annales* de la Société de cette ville.

Bulos, pharmacien à Olot (village de la Catalogne); possède un joli cabinet d'histoire naturelle, dans lequel se trouvent quelques insectes.

Bulow-Kieth (de); a publié, en 1831, un traité sur la *Phalæna monacha;* à Stettin (Poméranie).

Buquet (Lucien), employé au ministère de la marine, naturaliste, membre de la Société entomologique de France; possède une très-belle collection de coléoptères, surtout riche en insectes du Sénégal et de Java; vend des insectes exotiques très-bien conservés et à des prix modérés, rue de Seine-Saint-Germain, n° 50, à Paris.

Burchell, zoologiste anglais.

Burger; à Vienne; s'occupe d'hyménoptères.

Burmeister (Hermann), docteur en médecine et en philosophie, professeur d'histoire naturelle au gymnase de Cologne et de Joachimsthal, à Berlin, entomologiste très-distingué. En 1829, il publia une dissertation inaugurale ayant pour titre : *De Insectorum systemale naturali*, et en 1833 il fit paraître le premier volume d'une très-bonne introduction à l'étude de l'entomologie. Plusieurs de ses travaux ont paru dans la *Revue entomologique*.

Bus (le chevalier Bernard du), membre de la Société entomologique de France ; s'occupe de coléoptères ; à Bruxelles, rue des Petits-Carmes.

Büttner, prêtre dans le Courlande ; il fit un mémoire sur les larves des insectes qui parut dans le *Magasin* de Germar.

Cabueil, entomologiste, au Sénégal, membre de la Société entomologique de France.

Caignard de Saulcy, lieutenant au 9e d'artillerie, à Metz. Son frère, officier de marine, a recueilli des insectes au Pérou.

Caillard, adjudant-major au 16e de ligne ; à Saint-Omer.

Cailliaud (Fréderic), directeur du Musée de Nantes, auteur d'un *Voyage à Méroé et au Fleuve-Blanc* ; a rapporté de ses voyages en Égypte, en Nubie, des insectes très-intéressans, entre autres un *Ateuchus* de couleur métallique qu'il considère comme le véritable Scarabé sacré des Égyptiens. Ses insectes ont été décrits par Latreille dans le *Voyage* qu'il a publié ; il s'occupe aussi de conchyologie.

Campa, professeur de médecine et de chirurgie, à Barcelonne ; jeune entomologiste qui s'adonne avec enthousiasme à l'étude de l'entomologie. C'est lui qui a dessiné le premier la larve de la *Chelonia Latreillei*, découverte par son ami M. Grælls. Il s'occupe particulièrement de coléoptères dont il possède une collection choisie.

Campo (Benoît), collecteur ; à Véronne.

Campos, pharmacien et entomologiste, à Séville (Andalousie).

Cantener (Louis-Prosp.), avocat, ancien professeur à l'école de Sorrèze, membre de la Société entomologique de France, entomologiste très-zélé, connaissant bien les lépidoptères d'Europe, et s'occupant aussi de coléoptères ; il a publié un catalogue des lépidoptères du Var, qui a paru dans la *Revue entomologique*, et il fait paraître en ce moment une *Histoire naturelle des lépidoptères rhopalocères* des départemens des Haut et Bas-Rhin, de la Moselle, de la Meurthe et des Vosges; présentement à Colmar, rue des Juifs, n° 39.

CANTON; à Épinal (Vosges); s'occupe depuis peu, mais avec zèle, de l'entomologie.

CARRÉ, major du génie, en retraite, à Metz; possède une collection d'environ 1200 espèces de lépidoptères et 3000 espèces de coléoptères.

CARLIER (Brutus-Alex.-Servet-Joseph), conservateur du Musée de Liége, professeur d'histoire naturelle à l'université de cette ville; a succédé à M. Gæde, récemment décédé.

CARTIER, membre de la Société entomologique de France; s'occupe des insectes de tous les ordres; à Neufchatel (Suisse).

CARUS, médecin, conseiller médical et de la cour, à Dresde. Çe grand anatomiste et physiologiste est suffisamment connu.

CASENOVE (Arthur de); à Lyon; s'occupe de lépidoptères.

CASTELNEAU (le comte de), plus connu sous le nom de F. de Laporte, membre de plusieurs sociétés savantes, entomologiste zélé; a publié une classification des *Hémiptères*, une série de mémoires dans les *Annales de la Société entomologique*, la *Revue entomologique*, etc., et tout récemment un volume d'*Études entomologiques*; possède une très-belle collection de tous les ordres des insectes. A Paris, rüe de l'Université, n° 57.

CATOIRE (de Biancourt); a habité pendant quatorze ans le cap de Bonne-Espérance et l'île de France, d'où il a rapporté de fort beaux insectes qu'il possède encore; à Strasbourg, Grand'rue, n° 136.

CAVENNE, au Fort-Royal (à la Martinique).

CECH, collecteur d'insectes; à Prague.

CHABRIER (J.), à Montpellier; très-bon observateur; il a publié entre autres un excellent *Traité sur le vol des in-*

sectes qui a paru en 1822 dans les *Mémoires du Muséum d'histoire naturelle* de Paris.

Chamisso (Adel. de), docteur et inspecteur des herbiers royaux, à Berlin; il a accompagné, en qualité de naturaliste, le capitaine Kotzebue dans son voyage autour du monde.

Chant (J.); a publié plusieurs notices dans l'*Entomological Magazine;* à Londres, *New North Road*, 3, *Critchell Place.*

Chardiny, trésorier de la ville de Lyon; possède une très-riche collection de lépidoptères, dans laquelle se trouvent entre autres des espèces rares de la Russie; à Lyon, à l'Hôtel-de-Ville.

Charpentier (Toussaint de), membre du conseil supérieur des mines et directeur de mines, à Dortmund (Westphalie); très-connu par ses *Horæ entomologicæ* et d'autres travaux remarquables.

Charrey (de), à Dijon (Côte-d'Or), collecteur, possédant beaucoup de coléoptères et de lépidoptères.

Chatel fils; à Vire (Calvados).

Chaudoir (le baron Maximilien de); possède une collection générale de coléoptères de la Russie, mais s'occupe spécialement des carabiques; à Dorpat (en Livonie).

Chaudouet (George-Edouard), avocat, membre de la Société entomologique de France; à Paris.

Chauvenet (le baron Henri de), capitaine du génie, membre de la Société entomologique de France; possède une belle collection de coléoptères, et particulièrement de microptères dont il a approfondi l'étude d'une manière toute spéciale; à Arras (Pas-de-Calais).

Chavannes (Adrien), ministre du saint Évangile, à Polies-le-Grand, par Echullans, canton de Vaud (Suisse); jeune entomologiste instruit, ne s'occupant que de coléoptères, dont il possède une collection assez nombreuse et très-bien soignée.

Chavannes (Jacques-Auguste), membre de la Société helvétique des sciences naturelles, directeur du cabinet d'histoire naturelle de Lausanne; à Lausanne (Suisse).

Chevalier (Charles), ingénieur-opticien, membre de la Société entomologique de France et de plusieurs autres sociétés savantes ; à Paris.

Chevrier ; à Genève, rue des Allemands ; s'occupe de coléoptères, dont il possède une belle collection ; a fait un voyage entomologique au Brésil.

Chevrolat (Auguste), vérificateur à l'administration de l'octroi de Paris, membre de la Société entomologique de France, de la Société entomologique de Londres et de plusieurs autres sociétés savantes, entomologiste aussi instruit que serviable ; s'occupe exclusivement des coléoptères qu'il connaît très-bien, et dont il a une des plus riches collections ; il possède aussi une belle bibliothèque d'ouvrages d'entomologie ; connu par plusieurs travaux importans ; publie en ce moment une description des *Coléoptères du Mexique;* à Paris, rue de la Ferme-des-Mathurins, nº 33.

Children (John-George), secrétaire de la Société royale de Londres, président de la Société entomologique de la même ville, membre de la Société entomologique de France, l'un des rédacteurs du *Zoological-Journal ;* possède une fort belle collection de coléoptères de tous pays. Sa femme s'occupe de papillons et a une des plus riches collections de lépidoptères exotiques.

Christofori (Joseph de) ; possède une grande collection de coléoptères et de lépidoptères, dont il a publié, avec M. Jan, le catalogue comprenant les coléoptères ; il s'occupe du commerce des insectes ; à Milan, *Contrada del Durino,* nº 428.

Christy, jun. (W.) ; a fait insérer des notes entomologiques dans l'*Entomological Magazine*, à Londres.

Clark (B.), entomologiste, à Londres ; a publié un travail sur l'*OEstrus*, etc.

Colcru, peintre, en Suisse.

Companyo (Louis), docteur-médecin, membre de la Société entomologique de France ; possède une collection de coléoptères et de lépidoptères, surtout riche en espèces des

Pyrénées, et une belle collection d'oiseaux; il s'occupe principalement d'ornithologie; à Perpignan (Pyrénées-Orientales).

Comte (Achille), professeur d'histoire naturelle à l'Académie de Paris, membre de la Société entomologique de France.

Contamines (de), capitaine d'habillement au 1er de lanciers, à Fontainebleau; s'occupe de lépidoptères.

Contarini (le comte Nicolo de), à Venise; possède une belle collection d'insectes; a fait présenter en 1834, à la réunion des naturalistes, à Stoutgard, un mémoire sur le *Macronychus quadrituberculatus.*

Costa, docteur et marchand d'insectes, à Naples, *Strada del peregrino.*

Coulon (Louis), directeur du Musée de Neufchatel, membre de la Société linnéenne du Calvados, de la Société helvétique des sciences naturelles et de la Société entomologique de France; naturaliste très-instruit; il possède de belles collections de coléoptères, de lépidoptères, d'oiseaux et de minéraux; à Neufchatel (Suisse).

Courtillier; à Saumur (Maine-et-Loire); entomologiste zélé.

Crepu, conservateur du Musée d'histoire naturelle, à Grenoble.

Curtis (Jones), membre de la Société linnéenne de Londres et de plusieurs autres sociétés savantes; entomologiste distingué de Londres; auteur de la *British Entomology*, etc.

Dagonet, docteur-médecin, à Châlons-sur-Marne; possède une collection de coléoptères du pays d'environ 1500 espèces.

Dahlbom (Gust.), professeur, membre de la Société entomologique de France; a publié un ouvrage intitulé : *Exercitationes hymenopterologiæ ad illustrandum Faunam Sueciam;* à Lund (Suède).

Daldorf, entomologiste, à Copenhague.

Dale (J. C.), collaborateur de l'*Entomological Magazine;* à Londres.

Dammeil (F.), à Salzwedel (pays de Magdebourg).

Dammert, entomologiste, à Abo, en Finlande.

Dandet (Eugène), à Lyon.

Dardouin, peseur public de commerce; s'occupe avec zèle de lépidoptères, et possède une assez jolie collection toute composée d'espèces européennes; à Marseille.

Dargelas (Raymond), professeur de botanique et d'entomologie, directeur du Jardin-de-Plantes et du cabinet d'histoire naturelle de Bordeaux; ne possède pas de collection. Il était l'ami intime de l'illustre Latreille, et il lui sauva la vie lors des proscriptions de 1793. A ce titre seul les entomologistes lui doivent beaucoup de reconnaissance.

Darracq, à Bayonne.

Daube, pâtissier, membre de la Société entomologique de France; excellent chasseur; il donne en échange de bonnes espèces du Midi, bien piquées et bien conservées; s'occupe de coléoptères et de lépidoptères; à Montpellier (Hérault).

Davis (A. H.), a publié dans l'*Entomological Magazine* des observations sur le *Lucanus cervus;* à Londres, *Nelson-Square.*

Debraut (Nicolas-Auguste), ciseleur en bronze, membre de la Société entomologique de France; possède une collection de coléoptères des environs; il a aussi quelques exotiques; à Paris, rue Sainte-Marguerite.

Degland, médecin, à Rennes (Ille-et-Vilaine).

Dejean (le comte), pair de France, lieutenant-général, etc. Un des premiers entomologistes de notre époque; possesseur d'une des plus riches collections de coléoptères; auteur d'un *Species général;* cinq volumes seulement en ont paru : ils comprennent les carabiques; d'un *Catalogue des coléoptères de sa collection,* dont une seconde édition parait en ce moment; il publie en outre, conjointement avec M. le docteur Boisduval, une *Iconographie des insectes d'Europe,* qui en est à sa quarantième livraison; à Paris, rue de l'Université, n° 17.

DELAMONTAGNE (M. Alex.), pharmacien, membre de la Société entomologique de France, à Paris; possède une collection d'insectes des environs de Paris, de tous les ordres, et surtout de coléoptères. Il se propose de faire un voyage en Amérique.

DELATTRE, inspecteur des forêts, au Quesnoy (Nord).

DELTA; a publié dans l'*Entomological Magazine* des *Notes on the habits of Insects Davis*, à Londres; descendant du célèbre John Davis; a fait lui-même un voyage aux terres polaires, et a rapporté des insectes de ces contrées. M. Kirby a décrit quelques-unes de ces espèces dans la relation du voyage du capitaine Parry.

DEMEL, négociant, à Prague; possède une grande collection de lépidoptères, remarquable surtout par les soins avec lesquels elle est tenue.

DESBERGER (A. F. A.), docteur, éditeur d'une nouvelle édition de l'ouvrage de Bechstein, sur les insectes nuisibles aux forêts; à Gotha.

DESCHIEU (les frères), à Vitry, près de Paris.

DESCOURTILS, à Châlons-sur-Marne; possède un beau cabinet d'ornithologie et environ 1200 coléoptères des environs de Montreuil-sur-Mer.

DESJARDINS, entomologiste à l'Ile Maurice; a fait des envois à M. le comte Dejean.

DESMAREST père (A. G.), professeur à l'école vétérinaire d'Alfort, membre de la Société entomologique de France, auteur d'un travail sur les crustacées; possède une collection de coléoptères peu nombreuse, mais renfermant de très-belles pièces de Cordova et de Madagascar. M. Eugène, son fils, a aussi une collection de coléoptères des environs de Paris et quelques exotiques; à Paris, rue Saint-Jacques, n° 161.

DESTOUCHES (Fr. de), géomètre, à Munich; s'occupe activement d'entomologie.

DEVILLIERS (Adrien), à Montpellier (Hérault); s'occupe de lépidoptères.

DIETRICH, collecteur d'insectes, à Prague.

Doebner, pharmacien, à Salzbourg ; très-zélé collecteur ; il a publié dans l'*Isis* un mémoire sur les insectes qui tournent au gras.

Doguero (Mme la comtesse Ve), à Paris, rue Saint-Dominique, n° 78 ; s'occupe d'entomologie.

Domergue de Saint-Florent, propriétaire, membre de la Société entomologique de France ; cet entomologiste, aussi aimable que zélé, possède une très-belle collection de lépidoptères européens d'environ 1500 espèces ; on y remarque plusieurs raretés, entre autres les *Noct. Canteneri et Sancti-Florentis*, qui, à ma connaissance, ne se trouvent dans aucune autre collection. Il possède en outre environ 4000 espèces de coléoptères et beaucoup de doubles de tous pays.

Dompierre (Fr. Rod. de), lieutenant-colonel, l'un des conservateurs des antiquités du canton de Vaud, membre de la Société helvétique des sciences naturelles ; à Payerne (Suisse).

Don, conservateur des collections de Linnée et de Banks, à la Société linnéenne de Londres ; à Londres, *Soho square*.

Donzel (Hugues), membre de la Société entomologique de France ; possède une superbe collection de lépidoptères de France ; on lui doit la découverte de plusieurs espèces, et il est souvent cité par MM. Duponchel et Boisduval ; à Lyon, place Saint-Clair, n° 1.

Dormoy, major au 28e de ligne, à Montbrison (Loire).

Doubleday (Edw.), à Epping (Angleterre), auteur de travaux publiés dans l'*Entomological Magazine*, et archiviste de la Société entomologique de Londres.

Doue (Achille-Pierre-Augustin), sous-chef au ministère de la guerre, etc., membre de la Société entomologique de France ; s'occupe de coléoptères et de lépidoptères ; à Paris.

Doumerc (A. J. L.), docteur-médecin, membre de l'Académie royale de Metz, membre de la Société entomologique de France, etc. ; s'occupe des insectes de tous les ordres, et principalement de diptères ; il a fait un voyage à Cayenne, et a fait don à M. Serville du résultat de ses chasses, parmi lesquelles étaient quelques espèces nouvelles; à Paris.

DRAPIEZ, professeur de chimie et d'histoire naturelle et directeur du Muséum, à Bruxelles; savant distingué; collaborateur de MM. Léon Dufour et Bory.

DRENSEN, à Straudmœllen, près de Copenhague.

DUBOIS, médecin attaché à la marine; à Rochefort (Charente-Inférieure).

DUBUISSON, conservateur du cabinet d'histoire naturelle de Nantes.

DUFETEL, à Amiens (Somme).

DUFOUR (Léon), docteur-médecin, correspondant de l'Académie des sciences, membre honoraire de la Société entomologique de France, etc.; très-connu par ses beaux travaux anatomiques sur les insectes; à Saint-Séver (Landes).

DUFOUR, directeur de l'école de dessin, à Moulins (Allier); s'occupe de coléoptères et de lépidoptères.

DUGÈS, professeur à l'Académie de Montpellier.

DUJARDIN, professeur de chimie et de physique; s'occupe de coléoptères.

DUJAY (Fréderic-Louis-Auguste), ancien officier de cavalerie, membre de la Société entomologique de France; vient de partir pour la Louisiane; il possédait, il y a quelques années, une riche collection de coléoptères, qu'il a cédée.

DUMÉNIL, peintre d'histoire naturelle, membre de la Société entomologique de France; il excelle dans l'art de colorier les insectes; à Paris.

DUMÉRIL (Constant), membre de l'Institut, professeur au Muséum d'histoire naturelle et à l'École-de-Médecine de Paris, membre honoraire de la Société entomologique de France, etc.; auteur de plusieurs ouvrages intéressans sur l'entomologie.

DUMOLIN, commis principal de l'administration de la marine; n'a point de collection, mais a beaucoup recueilli, il y a quelques années, au Sénégal. Il vendait le produit de ses chasses, soit à M. Dejean, soit à M. Dupont, soit à

M. Théod. Roger. Ses envois étaient très-beaux et parfaitement piqués; il est souvent cité dans le *Species* de M. Dejean, où plusieurs carabiques lui sont dédiés. Il vient de partir pour Alger, où il va remplir un grade dans l'administration de la marine; il y séjournera probablement plusieurs années et fournira avec plaisir aux demandes qui pourraient lui être faites.

Dumont d'Urville, capitaine de frégate; a fait un voyage autour du monde avec le capitaine Duperrey; entomologiste et botaniste distingué; a rapporté de ses voyages beaucoup d'insectes; à Paris, rue du Battoir.

Dupin, médecin, à Hervy (Aube).

Duponchel, vice-président de la Société entomologique de France, membre de plusieurs sociétés savantes; célèbre lépidoptérologiste; auteur d'une *Monographie des Erotyles*, et continuateur de l'*Histoire naturelle des lépidoptères de France*, commencée par feu Godart; d'un *Supplément* à cet ouvrage, et d'une *Iconographie des chenilles*; rue d'Assas, n° 3 *bis*, à Paris.

Dupont, naturaliste des princes de la famille royale, membre de la Société entomologique de France et de plusieurs autres sociétés savantes; possède une riche collection de coléoptères exotiques; a publié avec son frère, le célèbre anatomiste, une *Toxidermie*, et s'occupe depuis quelque temps d'une *Monographie de Trachyderes*. On trouve toujours chez lui de beaux insectes exotiques; à Paris, quai Saint-Michel, n° 25.

Duquesnel, à Durymes, près d'Amiens (Somme).

Durazzo (don Carlo), entomologiste, à Gênes.

Dutrochet, membre de l'Institut de France; a présenté, en 1833, à l'Institut, un mémoire sur le *Mécanisme de la respiration des insectes*; à Renaud, près de Vendôme (Loir-et-Cher.)

Ecoffet, directeur des contributions indirectes, membre de la Société entomologique de France; possède de beaux insectes du Jura; à Pontarlier (Doubs).

Ehrenberg, le célèbre voyageur qui visita, avec M. Hemprich, l'Égypte, la Nubie, l'Arabie et la Syrie, et avec M. de Humboldt la Sibérie et le Caucase. Il a publié, avec M. Hemprich, un prodrôme des espèces de scorpions propres au nord de l'Afrique et à l'Asie occidentale; ce travail fait partie du grand ouvrage de M. Ehrenberg sur son voyage en Afrique et des *Symbolæ physicæ, seu Icones et Descriptiones insectorum;* à Berlin.

Ehrenhaus (F.), à Gaumwitz.

Eichinger, professeur à l'Académie militaire de Neustadt, en Autriche.

Eichwald, professeur, à Dorpat (Livonie).

Eiselt (J. Nep.), docteur en médecine, à Prague.

Eisenring (Jos.), pasteur, membre de la Société helvétique des sciences naturelles; s'occupe de lépidoptères; à Wallenstadt (canton de Saint-Gall).

Eklon (C. F.); a fait un voyage dans l'Afrique du Sud et en a rapporté environ 12,000 insectes qu'il a mis en vente; à Hambourg, au jardin botanique.

Emy (Am. Mav.), ancien capitaine d'artillerie, membre de la Société entomologique de France; s'occupe de coléoptères et de lépidoptères; auteur d'un nouveau mode d'impression de lépidoptères qui, par la netteté de son résultat, a reçu les suffrages de la Société entomologique de France; a quitté Paris et habite maintenant le Mornai.

Engely, médecin; s'occupe de coléoptères et de lépidoptères; à Castelnaudary (Aude).

Erichson (G. F.), docteur en médecine, auteur de travaux remarquables sur les *Meloe*, les *Dytiques*, les *Hister;* observateur infatigable et consciencieux; à Berlin.

Ernesti (Jos.), capitaine d'infanterie, à Ratisbonne; collecteur zélé.

Escher-Zollikofer, propriétaire, à Zurich, membre de la Société entomologique de France; possède une immense collection de coléoptères et de lépidoptères, dont M. Oswald Heer est le conservateur; il a long-temps habité le Brésil.

Esmark, à Christiania, en Norwège.

Essling (le duc de Rivoli, prince d'), fils du maréchal Masséna; possède un beau cabinet d'histoire naturelle où se trouvent aussi des collections d'insectes; à Paris.

Estreicher (A.), docteur, professeur de botanique, à Cracovie.

Eversmann (E.), professeur, à Kasan.

Eymond d'Esclevin (Ch. J.), capitaine-commandant au corps royal d'artillerie de marine; possède une belle collection de coléoptères et de lépidoptères; rue Saint-Roch, n° 2, à Toulon (Var).

Fagerroth, chaudronnier, à Augsbourg; possède une jolie collection.

Fages, agrégé à la Faculté de médecine de Montpellier; s'occupe de coléoptères.

Fahræus (O. J.), chef de district de douane, membre de la Société entomologique de France; possède une collection d'insectes de tous les ordres; à Gothembourg (Suède).

Faldermann (F.), jardinier en chef du jardin botanique de Saint-Pétersbourg; possède beaucoup de coléoptères de toutes les parties de la Russie et de la Perse; il travaille en ce moment à une *Faune persane*, qu'il compte publier sous peu. On peut se procurer chez lui des coléoptères de Russie.

Famin, de Marseille, secrétaire de l'agence du ministère des affaires étrangères; possédait autrefois une collection de coléoptères assez nombreuse, et composée d'insectes rares. Son frère avait exploré avec bonheur les localités les plus riches de la Sicile, et lui avait fourni beaucoup d'insectes, parmi lesquels on comptait le *Carabus Famini* et le *Cymindis* qui porte le même nom. Des occupations sérieuses le portèrent à se défaire de cette collection qui fut vendue à Lyon. Depuis, il a recommencé ses recherches et a repris ses goûts pour l'entomologie. Il fait des sacrifices pour accroître sa collection, et tout porte à croire qu'il atteindra bientôt le point où il était précédemment arrivé.

Farines, pharmacien; possède une collection de coléoptères, de lépidoptères et de coquilles; il s'occupe principalement de ces dernières; à Perpignan.

Farkas (Franç. de), avocat; s'occupe principalement de lépidoptères; sa collection est de grandeur moyenne; à Gross-Wardein (Basse-Hongrie).

Fehler (E. A.), collecteur, à Gœttingue.

Fehrle, employé de la justice, à Hirschberg, en Silésie; collecteur.

Feisthamel (le baron), colonel-commandant la garde municipale de Paris, membre de la Société entomologique de France, auteur d'un mémoire sur le *Megasoma repandum*, et de plusieurs descriptions d'espèces nouvelles de lépidoptères et de coléoptères, etc.; possède une collection à peu près complète de lépidoptères d'Europe, et une nombreuse collection de coléoptères et de lépidoptères exotiques; à Paris, rue de Vaugirard, n° 29.

Fesca (Franç.), entomologiste zélé, à Magdebourg.

Fesel (François), préparateur au Muséum de Munich; possédait une belle collection qu'il a vendue; ne s'occupe plus d'entomologie.

Fickler, teinturier, à Neuhaldensleben, près de Magdebourg; possède une très-belle collection; il cultive l'entomologie avec ardeur et est surtout parvenu à élever parfaitement les chenilles.

Fieber (Fr. Xav.), à Prague; a publié un petit traité sur les *Cétoines* de Bohême; s'occupe aussi d'hémiptères.

Findel, médecin, à Temeswar, en Hongrie.

Fischer de Roeslerstamm (J. E.), à Rixdorf, en Bohême, publie en ce moment un ouvrage sur les microlépidoptères.

Fischer de Waldenheim (Gotthelf), vice-président de l'Académie, directeur de la Société impériale des naturalistes, professeur, etc., à Moscou; a publié, depuis 1792 jusqu'à ce moment, une foule d'ouvrages sur l'histoire naturelle, et notamment sur l'entomologie. Son dernier écrit est une monographie du genre *Phlocerus* (genre nouveau d'orthoptères); il est inséré dans la *Revue entomologique*, (tom. II, pag. 250); il possède de nombreux matériaux pour la continuation de son *Entomographie;* sa collection offre de l'intérêt parce qu'elle a servi à cet ouvrage.

FITZINGER, à Vienne; s'occupe des arachnides.

FLEISCHER, docteur, à Moscou; a décrit deux nouveaux coléoptères dans le *Bulletin de Moscou.*

FLEMMING (J.), à Londres.

FOIX, docteur et professeur de matière médicale et de thérapeutique au collége royal de médecine et de chirurgie de Barcelonne. Il s'est adonné, dans sa jeunesse, à l'étude des insectes, et avait formé une collection qui fut malheureusement détruite pendant la première guerre d'Espagne. Il s'occupe aussi de botanique et de minéralogie.

FONTENAY, capitaine d'artillerie, à Lyon; s'occupe de coléoptères.

FOREL (Alexis), agriculteur, membre du grand conseil et de la Société helvétique des sciences naturelles; a publié, en 1824, un *Mémoire sur le ver destructeur de la vigne,* et plusieurs autres travaux sur les métamorphoses des lépidoptères.

FORSTER (Albert), à Bromley, près de Londres; collaborateur de l'*Entomological Magazine.*

FORSTRÆM, entomologiste suédois, cité dans les ouvrages de Schœnherr; réside à l'île Saint-Barthélemy, l'une des Antilles.

FOUCON, capitaine d'infanterie, au Sénégal.

FOUDRAS, entomologiste, à Lyon; s'occupe de coléoptères et d'hyménoptères, dont il a, dit-on, une fort belle collection.

FOULQUES DE VILLARET (J. H. J.), capitaine d'infanterie, membre de la Société entomologique de France; a publié divers mémoires dans les *Annales* de la Société entomologique; s'occupe de lépidoptères et d'hyménoptères; aux Batignolles (Seine).

FRAY, commissaire-ordonnateur des guerres, membre de plusieurs sociétés savantes, à Limoges (Haute-Vienne); a publié, dans les *Annales* de la Société entomologique de

France, des *Considérations physiologiques sur le développement de l'instinct dans les invertébrés.*

FREMINVILLE, capitaine de frégate, à Brest.

FREMONT, directeur des douanes, à Digne (Basses-Alpes).

FREYER, conservateur du Musée de Laybach; collecteur.

FREYER (C.), caissier d'une fondation, à Augsbourg; lépidoptérologiste très-instruit. Il s'est acquis beaucoup de réputation par les deux ouvrages suivans sur les insectes : *Beitræge zur Geschichte europæischer Schmetterlinge*, et *Neuere Beitræge zur Schmetterlingskunde ;* il a fait lui-même les dessins des nombreuses planches qui accompagnent ces travaux. Sa collection de lépidoptères d'Europe est une des plus belles qui existent.

FREYER (Henri), pharmacien en chef, à Warasdin, en Croatie.

FRIES, professeur de zoologie au Muséum de Stockholm.

FRIWALDSZKY (Emrich de), docteur en médecine, adjoint au Musée national de Hongrie, membre de plusieurs sociétés savantes; s'occupe de tous les ordres des insectes, mais principalement de coléoptères et de lépidoptères ; il possède plus de 5000 espèces de coléoptères d'Europe et environ 40,000 doubles formant 3200 espèces ; sa collection de lépidoptères est des plus complètes; il possède seul en Europe la *Noctua orbiculosa* d'Esper ; ses doubles s'élèvent à environ 700 lépidoptères d'Europe ; enfin, il a près de 20,000 insectes de Turquie, dont il publiera le catalogue cet hiver. Il a publié une *Monographia serpentum Hungariæ,* en langue hongroise, avec les diagnoses en latin, des descriptions avec figures d'insectes, de coquilles et de plantes inédites découvertes sur le Balkan.

FROELICH (J. A. de), conseiller médical, etc., à Ellvangen. Il continue en ce moment encore l'ouvrage d'Hubner, avec M. Geyer. C'est lui qui a créé les genres *Leistus* et *Agyrtes.* Il s'occupe principalement de coléoptères et de microlépidoptères. Sa collection renferme une belle suite d'insectes allemands de tous les ordres.

FROELICH, fils du précédent, docteur, à Ellvangen; a publié

en 1828, comme dissertation inaugurale, une *Enumeratio Tortricum Wurtembergiæ.*

Fuhr, lieutenant, à Friedberg (grand-duché de Hesse); collecte des lépidoptères.

Gachet; s'est principalement occupé des *Acarides;* à Bordeaux.

Gaillard aîné, propriétaire, à Nantes, rue Francklin, n° 5; possède une collection de coléoptères du pays et quelques exotiques.

Galle, commissaire des flottes de la marine de Toulon; possède une grande collection d'insectes de Grèce, de la côte de Barbarie et des îles Baléares.

Galli, sous-commissaire de marine en retraite; possédait une collection de coléoptères assez riche; il y a à peu près renoncé pour se livrer à la conchyologie.

Garnot, de Brest, membre de la Société entomologique de France; a fait un voyage autour du monde, sur la corvette *la Coquille,* un autre à Cayenne et à la Martinique, et en a rapporté une suite d'insectes intéressans.

Gasperini (Ferd.), directeur des postes, à Montpellier, membre de la Société entomologique de France; s'occupe de coléoptères et de lépidoptères.

Gaudichaud, naturaliste de l'expédition du capitaine Freycinet; à Paris.

Gauzy, propriétaire, à Castelnaudary (Aude).

Gay, membre de la Société entomologique de France; en ce moment au Chili pour y faire des explorations en histoire naturelle et former un cabinet.

Gebler (Fr.), conseiller médical et médecin, à Barnaval (Sibérie); botaniste et zoologiste connu.

Geisser (Jean-Baptiste), docteur-médecin, à Oberglatt, près de Saint-Gall; observateur zélé et érudit.

Gelieu (Jonas de), pasteur, à Colombier, canton de Neufchatel (Suisse); s'occupe des abeilles.

Gené (Joseph), professeur au Muséum d'histoire naturelle de Turin, membre de la Société entomologique de France;

a publié divers mémoires fort intéressans, l'un sur la larve d'un *Clythre*, un autre sur les *Forficules* d'Europe; il s'occupe en ce moment d'un nouveau travail sur ce genre.

GEOFFROY SAINT-HILAIRE, membre de l'Institut, professeur au Muséum d'histoire naturelle et à la Faculté des sciences de Paris, membre honoraire de la Société entomologique de France; à Paris.

GERHARDT (Herrmann), employé, à Bautzen, en Lusace; ardent collecteur d'insectes.

GERMAIN, à Montpellier.

GERMAR (C. F.), docteur et professeur de minéralogie, à Halle, membre de la Société entomologique de France, l'un des vétérans de l'entomologie. Ses nombreux et beaux travaux sur cette science lui assignent l'un des premiers rangs parmi les entomologistes de notre époque.

GEVRIL, directeur du Musée de Besançon (Doubs); s'occupe accessoirement d'entomologie; il possède, dit-on, beaucoup d'insectes exotiques.

GEYER (C.), à Augsbourg; continuateur de l'ouvrage de Hübner, avec M. Frœlich, d'Ellwangen.

GINETTE, employé à la préfecture du Var; s'occupe de lépidoptères et possède une jolie collection; à Draguignan (Var).

GIROD-CHANTRANS, chevalier de Saint-Louis et de la Légion-d'Honneur; à Baume (Doubs).

GISTL (Jean), auteur d'un recueil périodique de zoologie et plus particulièrement d'entomologie, paraissant sous le titre de *Faunus;* d'une liste des entomologistes vivans qui a donné lieu à celle que je publie ici, et de plusieurs autres ouvrages; à Munich.

GLOGER (C.), entomologiste, à Breslau.

GODET (Charles), naturaliste, membre de la Société helvétique des sciences naturelles; s'occupe de botanique et d'entomologie; à Neufchatel (Suisse).

GODET (Louis), de Neufchatel, en Suisse, membre de la Société helvétique des sciences naturelles, de la Société entomologique de France; a long-temps résidé en Russie, et a fait un voyage au Caucase, d'où il a rapporté beaucoup d'insectes nouveaux; habite en ce moment Berlin.

Goldfuss, professeur de zoologie à l'Université de Bonn, l'un des directeurs du Muséum d'histoire naturelle de cette ville; célèbre par ses travaux sur les pétrifications; s'occupe aussi de l'étude générale des insectes; en 1805 il a publié un catalogue de coléoptères du Cap.

Gory (le chevalier Hypolite-Louis), capitaine de cavalerie, membre de la Société entomologique de France; auteur d'une monographie des *Cétoines*, avec M. Percheron; d'un travail sur les *Sisyphes*, et de plusieurs autres mémoires publiés dans divers recueils périodiques; possède une très-belle collection de coléoptères, composée de près de 18,000 espèces, presque toutes exotiques; à Paris, rue Tronchet, n° 7.

Goubert (Léon), employé à l'administration des contributions indirectes; possède une jolie collection de coléoptères; à Strasbourg.

Gougelet (J. Scip.), employé à l'administration de l'octroi, membre de la Société entomologique de France; s'occupe principalement des coléoptères des environs de Paris; à Paris, rue du Faubourg-Montmartre, n° 39.

Goullard, médecin attaché à la marine; à Rochefort (Charente-Inférieure).

Goureau, capitaine du génie au Fort-l'Écluse (Ain); il étudie tous les ordres des insectes, et se distingue comme observateur zélé et instruit; il a publié plusieurs observations curieuses sur les mœurs des insectes. (Voir *Revue entomologique*, tom. III, p. 72 et 101.) M. Goureau s'efforce de faire revivre l'école *réaumurienne*, qui certes est l'une des plus importantes de la science entomologique. Puisse-t-il trouver de nombreux imitateurs! Il a en portefeuille plusieurs travaux sur la respiration des insectes, leurs mœurs, leur anatomie, etc., qu'il est vivement à désirer de lui voir bientôt publier.

COUZOT (Nic. Franç. Dom.), membre de la Société entomologique de France; à Ferrières (Seine-Inférieure).

GRÆLLS père, médecin, directeur des eaux thermales de Caldas de Montbus (en Catalogne), membre correspondant du Jardin royal de botanique de Madrid, des Académies royales de médecine de Barcelonne et de Grenade, de celle des sciences naturelles et des arts de Barcelonne, et de la Société économique de Madrid. Il a beaucoup approfondi l'étude des insectes, en faisant plusieurs recherches microscopiques, auxquelles il fut toutefois contraint de renoncer, sa vue devenant chaque jour plus faible. Ses principaux écrits sur cette partie des sciences naturelles sont : *Des remarques et des observations entomologiques sur l'ouvrage des coléoptères d'Olivier*, et une *Méthode analytique des coléoptères, basée sur la classification de Latreille.* Pendant une longue suite d'années, il recueillit une quantité d'insectes, qu'il céda à son fils Mariano Grælls; à Barcelonne.

GRÆLLS fils (Mariano), professeur de médecine et de chirurgie, à Barcelonne, membre de la Société entomologique de France; il cultive la botanique et la zoologie en général et possède des collections relatives à ces sciences; cependant l'entomologie est le principal sujet de ses études; sa collection d'insectes, et surtout celle de coléoptères, est assez riche. Il a publié dans les *Annales* de la Société entomologique de France des détails sur les accidens causés en Catalogne par le *Theridion malmignatte*, et il s'occupe en ce moment d'un ouvrage intitulé : *Introduction générale à l'étude des coléoptères ;* cet ouvrage aura principalement pour but d'exposer l'anatomie de cet ordre des insectes et sa distribution en familles naturelles. Récemment il a publié un *Mémoire sur les dégâts que font les insectes aux végétaux et les moyens d'y rémédier;* ce travail lui valut une médaille d'or qui lui fut décernée par la commission du consulat de commerce de la Catalogne. Sous peu il présentera à l'Académie royale de médecine et de chirurgie de Barcelonne une *Dissertation sur l'action qu'exercent divers insectes sur l'économie animale, principalement ceux de la sixième tribu de la famille des Trachélides, avec une analyse chimique de plusieurs de ses espèces.* Enfin, il fait en ce moment, de concert avec M. Sans, le catalogue des coléoptères de la Catalogne. La science lui doit en outre plusieurs découvertes; à Barcelonne, rue de Jérusalem, n° 66.

Grape, pasteur de Karesuando et d'Enontekis, en Laponie.

Graslin (Herc. Adol. de), propriétaire, membre de la Société entomologique de France; s'occupe principalement de lépidoptères; très-habile observateur; dessinateur d'un grand mérite; collaborateur de l'*Icones des Lépidoptères d'Europe*, publié par M. le docteur Boisduval; à Château-du-Loir (Sarthe).

Grasset, à la Charité-sur-Loire (Nièvre).

Grateloup, à Bordeaux.

Gravenhorst (J. L. Ch.), professeur de zoologie et directeur du Musée de Breslau, conseiller privé de la cour de Prusse, membre de la Société entomologique de France; s'est principalement occupé des *Brachélytres*, dont il prépare en ce moment même une nouvelle monographie; un des grands maitres de la science; à Breslau (Silésie).

Gray (Georg. Rob.), secrétaire de la Société entomologique de Londres, membre de celle de France; auteur du *Règne animal anglais;* à Londres.

Greene (Copley), docteur-médecin, membre de la Société d'histoire naturelle de Boston et de la Société entomologique de France; s'occupe de coléoptères; possède une collection de coléoptères; après être resté plus d'un an à Paris, il vient de retourner dans sa patrie; à Boston (États-Unis).

Grey (Will. Jon.), membre de la Société entomologique de France, attaché au jardin d'horticulture de l'empereur de Russie; s'occupe de coléoptères; à Ropsha, près de Pétersbourg.

Gries (les deux frères), bénédictins du couvent de Saint-Pierre, à Salzbourg; s'occupent d'entomologie dans leurs momens de récréation.

Griesbach (Alex. Will.); a fourni des travaux dans l'*Entomological Magazine;* à Cambridge.

Grimm (J. C.), marchand d'insectes, à Ebersdorf, près de de Lobenstein (Saxe).

Grisel de Forel (Ch.), ancien conseiller, membre de la Société helvétique des sciences naturelles; à Fribourg (Suisse).

Groos, réviseur de finances, à Wiesbaden (duché de Nassau); collecte des coléoptères et des lépidoptères; sa collection appartient maintenant à la Société d'histoire naturelle de Wiesbaden.

Gruner (Otto), négociant, à Leipsig; s'occupe de lépidoptères.

Guénée (Achille), avocat, membre de la Société entomologique de France; s'occupe de lépidoptères, dont il possède une fort jolie collection, et secondairement de coléoptères; a publié plusieurs mémoires dans les *Annales* de la Société entomologique; à Châteaudun (Eure-et-Loire), rue de Blois.

Guérard, notaire, à Lunéville; s'occupe de coléoptères et de lépidoptères; il possède aussi un beau cabinet d'ornithologie.

Guérin, dessinateur d'histoire naturelle, membre de plusieurs sociétés savantes, auteur de l'*Iconographie du règne animal de Cuvier,* du *Magasin de zoologie,* d'une série d'articles sur l'entomologie dans le *Dictionnaire classique d'histoire naturelle,* etc. M. Guérin a porté l'art de dessiner et de colorier les insectes à un degré de perfection vraiment admirable; il joint à ce talent de grandes connaissances en histoire naturelle et surtout en entomologie; les prix de ses dessins sont très-modérés; à Paris, place du Panthéon, n° 3.

Guérin, médecin, à Châtillon (Seine).

Guesdon de Freneuse, docteur-médecin, à Paris; s'occupe des insectes en général.

Guiciardini (le comte Piétro), à Florence; s'occupe de lépidoptères.

Guilding (L.), entomologiste, à Londres; a publié des travaux intéressans dans les *Linnean Transactions*, volume XIV.

Guillaumé, auteur de divers articles d'entomologie du *Dictionnaire pittoresque d'histoire naturelle*, publié par M. Guérin.

Gundlach, étudiant en médecine à Marbourg (électorat de Hesse); collecte des insectes du pays.

Gürtler, à Vienne.

Gutierrez de Regato, pharmacien, à Cadix; possède un beau cabinet d'histoire naturelle, dont il cultive plusieurs branches avec zèle.

Guynemo, à Lyon.

Guyot (Arn. Henr.), membre de la Société helvétique des sciences naturelles; à Neufchatel (Suisse).

Gyllenhal (Léonard), membre des Académies des sciences de Stockholm, d'Upsal et de plusieurs sociétés savantes, membre honoraire de la Société entomologique de France, commandant des gardes, etc.; entomologiste de l'école de Linné; célèbre par ses travaux et surtout son ouvrage intitulé : *Insecta suecica.*

Haan (de), chargé de la partie zoologique du Musée d'histoire naturelle de Leyde, membre de la Société entomologique de France, entomologiste distingué; s'occupe en ce moment d'une *Faune japonaise,* qui sera, dit-on, un fort beau travail; à Leyde.

Habenstreet; s'est occupé des arachnides; à Munich.

Hagnauer (Jean-Jacques), directeur d'une école; membre de la Société helvétique des sciences naturelles; à Zofingen (Suisse).

Hahn (Charles), docteur en philosophie et naturaliste, à Fürth, près de Nuremberg; connu par son bel ouvrage sur les *Arachnides* et sur les *Punaises.*

Haliday (A. H.), auteur d'un *Catalogue of Diptera occur-*

ring about Holywood in Downshire, inséré dans l'*Entomological Magazine;* à Dublin.

Hammerschmidt, docteur en droit, employé à la procurature aulique impériale et royale, à Vienne, membre de plusieurs sociétés savantes; très-bon entomologiste; s'occupe beaucoup de l'anatomie des insectes; a publié des *Observationes physiologicæ-pathologiæ de plantarum gallarum ortu insectis que excrescentia proferrentibus,* et un autre ouvrage intitulé: *De insectis agriculturæ damnosis utilibusque.*

Hanson (Samuel), à Londres; a publié quelques travaux dans l'*Entomological Magazine.*

Hartlieb (G.), juge, à Militsch, en Silésie.

Harzer (Aug.), entomologiste zélé, à Dresde. En 1828, il a publié un ouvrage sur la chasse aux lépidoptères, intitulé: *Der kleine Schmetterlingsjæger.* Il dessine parfaitement les insectes, et fait les planches de l'ouvrage de M. Fischer de Rœslerstamm, sur les microlépidoptères.

Hausmann (J. F. L.), conseiller de la cour et professeur, à Gœttingue; a publié des travaux intéressans.

Haword, à Londres.

Hecht (L. A.); possède une collection de coléoptères; à Stralsund.

Heeger, à Vienne; riche propriétaire qui publie les dessins de tous les genres des coléoptères d'Europe.

Heer, conseiller de la guerre, à Nuremberg; s'est principalement occupé d'hyménoptères; mais il est malheureusement devenu aveugle.

Heer (Oswald), candidat en théologie, membre de la Société helvétique des sciences naturelles, conservateur de la grande collection d'insectes de M. Escher-Zollikofer, à Zurich. Jeune entomologiste qui promet beaucoup; il s'occupe principalement de la physiologie et de la géographie des insectes.

Hegetschweiler (Jacques), docteur-médecin, membre de la Société helvétique des sciences naturelles; à Riffersweil (canton de Zurich).

Hegewisch (E. D. H.), à Hanôvre.

Held (Alexandre), conservateur du Musée d'histoire naturelle de Munich; excellent zoologiste.

Helfer, docteur en médecine et en chirurgie, membre de la Société entomologique de France; a fait, en 1833, un voyage en Italie et en Sicile, dont il a rapporté près de 30,000 insectes; à Prague.

Herigoyen (Charles de), secrétaire du bailliage des forêts, à Grubhof, près de Lofer (pays de Salzbourg).

Hering (Édouard), chimiste et entomologiste, à ......

Héritieu (B.), contrôleur des contributions directes, à Cahors (Lot); possède une collection d'insectes du département.

Herold (Maurice), docteur et professeur de médecine, célèbre anatomiste et physiologiste; a publié, en 1815, un excellent ouvrage en langue allemande, intitulé : *Histoire du Développement des Lépidoptères, considéré anatomiquement et physiologiquement.* Il ne possède toutefois pas de collection; à Marbourg (électorat de Hesse).

Herrich-Schæffer, docteur et médecin de la ville, à Ratisbonne; très-bon entomologiste; s'occupe de tous les ordres des insectes qu'il connaît très-bien; continuateur de la *Faune* de Panzer.

Hervé (dit *Bel-Orient*), employé des contributions indirectes; possède une jolie collection de lépidoptères européens, qui s'accroît chaque jour par ses échanges.

Hess, secrétaire de la guerre, à Darmstadt (grand-duché de Hesse); collecte des lépidoptères d'Europe, et en fait le commerce.

Heutz, Américain; s'occupant d'entomologie; a beaucoup donné à M. Leconte.

Heyden (C. H. G. de), sénateur et directeur de la Société d'histoire naturelle de Senkenberg; à Francfort-sur-le-Mein; excellent observateur, très-connu en entomologie; possède une collection d'insectes de tous les ordres, surtout de petites espèces d'Europe. Il se propose de donner sa collection au Muséum de la Société qu'il dirige.

Heyder, employé de la ville, à Lünebourg; entomologiste zélé.

Heynemann (W.), joaillier; possède une collection d'insectes de tous pays.

Heysham (F. C.), à Londres.

Hineiss (Jean), à Prague; collecte avec ardeur.

Hiss, marchand d'insectes, à Berne.

Hiss, pasteur; s'occupe de lépidoptères. Des observations faites par lui sur ces insectes sont insérées dans la *Revue entomologique* (tom. II, p. 168); à Gsteig, près de Sarnen (Suisse).

Hisse (Eugène), à Lorient (Morbihan).

Hochstetter, chef de division à la préfecture du Haut-Rhin; s'occupe de lépidoptères; à Colmar (Haut-Rhin).

Hodot, à Dijon (Côte-d'Or).

Hoeninghaus fils, à Crefeld (Prusse rhénane).

Hoepfner, conseiller à la cour d'appel du grand-duché de Hesse, à Darmstadt; possède une très-belle collection de coléoptères de tous pays, et particulièrement du Mexique, qui lui ont été envoyés par M. Sartorius, son ami.

Hoet (Camille), à La Rochelle (Charente-Inférieure).

Hoffmann, marchand naturaliste, à Munich.

Hoffmann (P. C.); s'occupe de lépidoptères d'Europe, et notamment de microlépidoptères. Il a résidé pendant plusieurs années à Pétersbourg, et en a rapporté de nombreuses espèces de Russie; il a publié plusieurs mémoires entomologiques dans les *Annales* de la Société de Wetterau; à Francfort-sur-le-Mein.

Hoffmannsegg (le comte de), ancien ministre de Prusse; entomologiste très-distingué; a fait, avec Dahl, un voyage en Portugal et en Espagne. Son immense collection est placée au Muséum de Berlin; à Rammenau, près de Dresde.

Hollandre, bibliothécaire, à Metz; possède environ 2800 espèces de coléoptères d'Europe et environ 1000 espèces de lépidoptères.

Holzer (Joseph), employé à l'administration des douanes, à Trieste (précédemment à Grætz); collecteur.

Honnorat, ex-directeur des postes, à Digne (Basses-Alpes); possède une collection très-nombreuse de coléoptères des Alpes.

Hooner, professeur, à Glasgow; paraît avoir abandonné l'entomologie pour la botanique.

Hope (William), trésorier de la Société entomologique de Londres, et membre de celle de France; entomologiste très-zélé, possédant une très-grande collection, principalement des Indes, de Java et de Nouvelle-Hollande. Il a fait de nombreux voyages en Europe; à Londres, 37 *Upper Seymour Street, Portmann Square.*

Hoppe, docteur et professeur de botanique, à Ratisbonne. Ce botaniste célèbre a publié jadis de nombreux travaux sur les insectes, surtout dans son *Annuaire entomologique*; mais il ne s'occupe plus d entomologie.

Horeau, pharmacien en chef à l'hôpital Saint-Louis de Besançon; s'occupe depuis peu de coléoptères et de lépidoptères.

Horner, voyage au Mexique, pour le Musée d'histoire naturelle de Zurich, et M. Escher-Zollikofer, pour y recueillir des objets d'histoire naturelle, et principalement des insectes.

Hornschuch (F.), professeur et directeur du jardin botanique de Greifswalde; a décrit, avec M. Hoppe, des coléoptères des Alpes dans les *Actes* de Bonn.

Hornung, pharmacien, à Aschersleben.

Horsfield, docteur en médecine, à Londres; zoologiste distingué; il a publié les *Annulosa javanica* avec M. Mac-Leay.

Hounaud, collecteur d'insectes, à Montpellier.

Humboldt (le baron Alexandre de), conseiller intime et chambellan du roi de Prusse; membre de l'Académie des sciences de Paris, de l'Académie de Berlin, membre honoraire de la Société entomologique de France, etc.; le célèbre voyageur; à Berlin.

HUMMEL, employé au ministère de l'intérieur, à Pétersbourg; a publié des *Essais entomologiques.*

IMHOFF (Louis), docteur-médecin, à Bâle, entomologiste instruit; s'occupe des insectes de la Suisse, de tous les ordres, dont il possède une très-jolie collection. Il publie en ce moment un ouvrage avec planches sur les insectes de la Suisse.

ISER (Charles), entomologiste, à Linkoping (Suède); a publié, en 1806, une *Suensk Entomologi.* J'ignore s'il vit encore.

ISOARD; possède une belle collection de lépidoptères, à Salerne, près de Draguignan (Var).

JACQUIN (le baron), conseiller intime et professeur, à Vienne, botaniste et entomologiste zélé.

JÆGER (Benoît), à Pétersbourg; a fait, dans l'intérêt de l'histoire naturelle, des voyages dans la Russie méridionale.

JÆGGI (Rod.), pasteur, membre de la Société helvétique des sciences naturelles, à Krauchthal (Suisse).

JAMSON, à Edimbourg.

JAN (G.), professeur, à Parme; entomologiste instruit, travaillant en communauté avec M. Cristofori, de Milan.

JANER, docteur et professeur de clinique interne au collége royal de médecine et de chirurgie, à Barcelonne, membre de plusieurs académies et sociétés savantes; il fut, avec le docteur Foix, l'un des premiers qui forma une collection d'insectes de la Catalogne; il aime beaucoup l'entomologie, mais sa pratique l'empêche de s'y livrer autant qu'il le désirerait.

JAQUIER, chirurgien militaire, à Cayenne; il collecte les insectes avec zèle.

JENISON (le comte Guillaume de), chambellan et major de cavalerie au service de la Hesse, neveu du suivant; habitait Heidelberg, mais se trouve maintenant à Philadelphie (Amérique du Nord); il possède une belle collection et s'occupe activement de l'entomologie.

JENISON-WALWORTH (le comte Rodolphe de), directeur de l'administration des forêts, chambellan, etc., à Ratisbonne; s'occupe principalement de lépidoptères; possède une riche collection d'insectes de tous les ordres, qui a encore été augmentée par celle de Gysselen, dont il a fait l'acquisition.

Joannis (de), officier de marine attaché au port de Toulon; a fait partie de l'expédition du Louqsor, d'où il a rapporté de très-beaux insectes; s'occupe principalement de coléoptères.

Joensch, chancelier; s'est occupé des coléoptères nuisibles; à Breslau.

Joffre (Henri), docteur-médecin ; a fait des recherches sur la propriété qu'a la toile d'araignée de couper les fièvres intermittentes; à Villeneuve-de-Berg (Ardèche).

Jordana (don Ignacio), moine du monastère de Poblet, à Barcelonne; possède une collection choisie de coléoptères, et cultive la science avec enthousiasme.

Jousselin (le comte Louis-Emmanuel de), capitaine de cavalerie, membre de la Société entomologique de France; possède une collection contenant des espèces très-intéressantes de tous pays; il a acquis, par moitié avec M. Chevrolat, la collection du célèbre Olivier; à Versailles, rue des Bourdonnais, n° 40.

Jurine (Sébastien), fils du célèbre auteur de la *Nouvelle Méthode de classer les Hyménoptères et les Diptères*, membre de la Société entomologique de France; possède une belle collection d'insectes de tous les ordres, mais surtout riche en coléoptères du Brésil; à Genève.

Justus, employé, à Marbourg; s'occupe de lépidoptères.

Kareline, entomologiste russe, qui a recueilli des insectes en Turkménie.

Keferstein (George), juge de paix, à Erfurt; connu par plusieurs publications intéressantes dans les *Archives* de Thon, la *Revue entomologique*, etc.; s'occupe principalement de lépidoptères; savant modeste et recommandable.

Kerl, négociant, au Markt-Wolfarthshausen, près de Munich; collecteur très-zélé et bon connaisseur; il fait presque annuellement un voyage dans les Alpes et en Italie, et a découvert beaucoup d'espèces nouvelles.

KINDERMANN (Adalbert), marchand d'insectes, à Bude, quai Christine, nº 195; a rapporté de ses excursions en Hongrie, etc., plusieurs coléoptères et lépidoptères nouveaux; ses prix sont modérés.

KIRBY (William), recteur, à Barham, membre de la Société linnéenne de Londres, membre honoraire de la Société entomologique de France, un des grands maîtres de la science; a publié plusieurs ouvrages remarquables, entre autres une *Introduction à l'étude de l'entomologie*, en 4 vol.; des *Élémens d'entomologie*, etc.

KITTEL (B M.), docteur et professeur de chimie, à Aschaffenbourg; il a publié un *Mémoire sur les pucerons*, qui a paru dans les *Mémoires de la Société linnéenne de Paris*, vol. V, 1826, et la description d'une guêpe, qu'il a fait insérer dans l'*Isis*, année 1828.

KLOPSCH, a fait un travail sur l'état de l'entomologie du temps d'Aristote; à Breslau.

KLUG (Fr.), docteur, conseiller médical, professeur et directeur du Muséum d'histoire naturelle de Berlin, membre honoraire de la Société entomologique de France, etc., un des premiers entomologistes de l'Europe; a publié de nombreux ouvrages, et en dernier lieu des *Annales d'entomologie*.

KLUSTINE (S. de), jeune Russe qui a résidé quelques années à Paris, et y a formé une collection de coléoptères d'Europe.

KNOERRLEIN, architecte, à Linz (Autriche).

KOCH, professeur, à Erlangen; s'occupe maintenant de botanique.

KOCH (K. L.), conseiller de l'administration des forêts, à Ratisbonne, aptérologiste distingué; a publié une *Zoologie bavaroise*.

KOECHLIN, chef de la grande et honorable famille de ce nom, à Mulhausen (Haut-Rhin); possède une collection d'insectes dont il s'est beaucoup occupé jadis; a publié des notes sur le *Lucanus cervus*, etc.

KOEHLER, instituteur, à Schmiedeberg, en Silésie.

KOENIG, recteur et professeur d'économie rurale et d'histoire naturelle, à Linz (Autriche).

KOKEIL (Fréderic), employé à l'administration des tarifs, à Klagenfurt, entomologiste très-zélé; possède une belle collection, bien classée.

KOLLAR (Vincent), inspecteur au Muséum de Vienne; sa belle *Monographie des Chlamys,* et d'autres écrits, le mettent au rang des premiers entomologistes de notre époque; il a aussi publié un *Catalogue systématique des lépidoptères d'Autriche.*

KOLLY DE MONTGAZON, à Digne (Basses-Alpes).

KONEWKY, conseiller des finances, à Berlin; entomologiste zélé, qui possède, dit-on, une belle collection.

KONINCK (de), médecin, membre de la Société entomologique de France; s'occupe de lépidoptères, à Louvain (Belgique).

KORONINI (le comte de); cité dans les catalogues d'insectes de Vienne. Nous ignorons sa résidence, mais nous avons lieu de croire qu'il habite l'Italie autrichienne.

KOSS, à Laybach (?)

KOY, à Bude (Hongrie).

KRÆMER, médecin, à Kreuth, dans les montagnes bavaroises; collecteur zélé.

KREBS, voyageur du Muséum de Berlin; se trouve en ce moment dans l'Afrique du Sud.

KRUZSCH (K. L.), professeur, à Tharand; a publié, en 1825, un traité volumineux sur les *Bostriches.*

KRYNICKY, professeur à Moscou; a décrit beaucoup d'insectes nouveaux.

KÜCHLER, musicien de la ville, à Ansbach, lépidoptérologiste zélé; possède une belle collection.

KUENBURG (le comte F. de), à Vienne.

KUNKEL, pasteur, à Wissgoldingen (Wurtemberg); s'est occupé jadis scientifiquement de l'entomologie; mais il a depuis fait cadeau de sa collection à l'Institut agricole de

Hohenheim. Il est maintenant âgé d'environ quatre-vingts ans.

Kunze (G.), docteur et professeur de médecine, à Leipsig, botaniste et entomologiste distingué; a publié une monographie des *Donacies*, etc.; vient de faire un voyage scientifique dans le midi de la France et en Italie.

Kupido, collecteur d'insectes, à Prague.

Labouchere, consul de Hollande, à Nantes.

Lacordaire (Théodore), membre de la Société entomologique de France; a fait deux voyages à Buénos-Ayres, au Brésil, au Chili, au Pérou, dans la Guyane, dont il a rapporté une quantité prodigieuse d'insectes nouveaux; auteur de plusieurs mémoires très-intéressans sur les insectes de l'Amérique méridionale, et d'une excellente *Introduction à l'entomologie*, faisant partie des *Suites à Buffon*, publiée par le libraire Roret; à Paris, rue Neuve-Saint-Étienne, n° 16.

Læmmle, conseiller, à Munich; possède une belle collection de lépidoptères.

Lafrenaye (de), à Falaize (Calvados).

Lahaye (de), bibliothécaire, à Amiens (Somme).

Lalanne (l'abbé); a publié, en 1826, dans le *Bulletin d'histoire naturelle de la Société linnéenne de Bordeaux*, une notice sur le *Satyrus OEdipus*, Encycl., trouvé à Bordeaux.

Lamberthod (Jean-Charles), officier de la marine marchande; possède environ 1100 espèces de coléoptères de tous pays. Ses fréquens voyages le mettent à même de recueillir beaucoup, et il les soigne très-bien. Les entomologistes qui voudraient s'adresser à lui, en fixant le prix qu'ils veulent mettre au cent de coléoptères ou de lépidoptères, peuvent lui écrire directement à Bordeaux, où à M. Théodore Roger, négociant en la même ville.

Lamoureux, professeur d'histoire naturelle à l'école forestière de Nancy; savant distingué.

Landgræve, châtelain, à Cassel (électorat de Hesse); collecte des insectes de tous pays ; entomologiste instruit et recommandable.

Lang (François), pharmacien, à Neutrau (Haute-Hongrie) ; s'est principalement occupé de coléoptères, mais semble y avoir renoncé.

Langsdorf (G. H. de), ancien consul russe au Brésil ; connu par ses voyages et la grande quantité d'insectes de tous les ordres qu'il a envoyés du Brésil. La grande collection de lépidoptères indigènes et exotiques de feu M. Franck, qui a été acquise par le Muséum d'histoire naturelle de Strasbourg, a principalement été augmentée par lui. Je possède environ 6000 coléoptères et 1000 insectes des autres ordres qui proviennent aussi de ses envois du Brésil. Il habite maintenant Fribourg, en Brisgau.

Langsdorf, négociant, à Lahr (grand-duché de Bade), frère du précédent ; possède une belle collection de lépidoptères.

Lanier, membre de la Société entomologique de France ; à la Havanne (Cuba).

Laporte (F. L. de). — Voir plus haut : Castelneau (le comte de), page 12.

Lasserre (Henri), auditeur au conseil d'État, à Genève ; possède une riche collection de coléoptères.

Latter, deux frères de ce nom. L'aîné a fait un voyage au Brésil et en a rapporté une belle collection d'insectes, qui a été vendue en Angleterre ; il est reparti pour Rio-Janéiro. Le cadet s'occupe de lépidoptères.

Laveau, à Moscou ; ne s'occupe plus beaucoup d'entomologie.

Lavice, avoué, à Avesne (Nord) ; s'occupe de lépidoptères.

Leach (W. E.), entomologiste anglais généralement connu ; il habite maintenant l'Italie.

Leautier, capitaine-instructeur au collége de Marseille ; possède une belle collection de lépidoptères d'Europe. La science lui doit quelques découvertes, notamment celle de la chenille de la *Noct. Leautieri*, Boisduval, espèce remarquable qui n'est point encore commune; à Marseille, au quartier du Rouet.

Lebas (Paul), de Rouen; est parti, il y a sept ans, pour la Colombie, aux frais d'entomologistes français; il possède une collection de coléoptères.

Leclerc, étudiant en médecine, membre de la Société entomologique de France; possède une collection d'insectes indigènes; à Tours (Indre-et-Loire).

Lecointe de Laveau (George), secrétaire de la Société impériale des naturalistes, à Moskou; s'occupe principalement des insectes des environs de Moskou; a publié des *Considérations sur les principaux organes des insectes*, et quelques autres travaux entomologiques.

Leconte (John), capitaine-ingénieur au service des États-Unis; a fait, en 1828, un voyage dans l'Amérique du Nord, d'où il a rapporté une immense quantité d'insectes; il s'occupe principalement de lépidoptères, et publie, avec M. Boisduval, l'*Iconograghie des Lépidoptères et des Chenilles de l'Amérique septentrionale*. Cet ouvrage en est à sa onzième livraison; à Savannah, en Géorgie.

Ledoux, architecte, ancien chef de bataillon, membre de la Société entomologique de France, etc.; s'occupe de coléoptères et de lépidoptères; à Paris.

Lefebure de Cérisy, ancien officier constructeur de la marine française, maintenant bey et amiral égyptien, membre de la Société entomologique de France; s'est beaucoup occupé d'entomologie; à Alexandrie (Égypte).

Lefebvre (Alexandre), secrétaire de la Société entomologique de France, membre de plusieurs sociétés savantes, etc.; un de nos entomologistes les plus zélés et les plus instruits; a fait des voyages en Égypte, en Nubie, en Sicile, etc., dont il a rapporté de très-beaux insectes; s'occupe principalement des lépidoptères d'Europe, dont il possède une belle collection, des orthoptères, des hyménoptères, etc. En 1827, il publia une *Description de divers insectes inédits recueillis en Sicile*, et depuis les *Annales* do la Société entomologique de France contiennent beaucoup d'observations qu'il a faites ; à Paris, rue de Provence, nº 19.

LEGRAND-SAVOURÉ, professeur dans un collége de Versailles ; possède des coléoptères du pays.

LEHMANN (J. G. Ch.), docteur et professeur à Hambourg ; a publié divers mémoires sur les insectes dans les *Acta Academiæ naturæ curiosorum.*

LEINER, conseiller municipal, à Constance (Suisse) ; s'occupe de lépidoptères ; a publié en 1819, dans l'*Isis*, un catalogue de papillons.

LEISLER, conseiller commercial, à Hanau (électorat de Hesse) ; a commencé depuis peu, et avec beaucoup de zèle, à recueillir des coléoptères, surtout des exotiques.

LEMBERT ; voyage en Mozambique, pour le Musée d'histoire naturelle de Zurich, et M. Escher-Zollikofer, pour y recueillir des objets d'histoire naturelle, et principalement des insectes.

LEPAIGE (Ch. Théod. J. Gabr.), ancien député, etc. ; possède une collection de coléoptères et de lépidoptères d'Europe ; c'est lui qui a trouvé le premier, dans les Vosges, le *Dytiscus latissimus* à Darney (Vosges).

LE PELETIER DE SAINT-FARGEAU (le comte Am. L. Mich.), membre de plusieurs sociétés savantes, collaborateur de M. Audinet-Serville pour l'article *Entomologie* dans *l'Encyclopédie méthodique ;* auteur d'une quantité de travaux sur les insectes, et principalement sur les hyménoptères ; à Saint-Germain-en-Laye, près de Paris.

LEPETIT, propriétaire, à Maxéville, près de Nancy ; possède une belle collection de lépidoptères, riche surtout en *Nocturnes* de la contrée.

LÉPINE (J. H.), employé à l'administration de l'octroi de Paris, membre de la Société entomologique de France ; à Paris.

LEPLAY, propriétaire, membre de la Société entomologique de France ; à Saint-Chaptes (Gard).

Leprieur, pharmacien de la marine, botaniste distingué; il a résidé long-temps au Sénégal et en a rapporté de beaux insectes, qu'il a cédés à M. Buquet, à Paris. Envoyé à Cayenne en 1830, il en est parti en 1832 pour exécuter une grande exploration dans l'intérieur de la Guyane. La collection qu'il possède est très-riche et renferme une foule d'espèces rares ou nouvelles.

Lequien, libraire; a fait, en 1832, un *Essai monographique du genre Anthia*, inséré dans le *Magasin de Zoologie* de M. Guérin, dont il est éditeur, et publie une série de réimpressions d'ouvrages étrangers et rares sur l'entomologie. Le premier volume de cette collection contient les *Annulosa javanica* et les *Horæ entomologicæ*, de M. Mac Leay (un vol. in-8°, avec 5 pl.; prix, 15 fr.), et le second la *Centurie d'Insectes*, de M. Kirby (un vol. in-8°, avec 4 pl.; prix, 12 fr.); s'occupe en ce moment d'une *Monographie des Coccinelles*; à Paris, quai des Augustins, n° 47.

Lesage; s'occupe de lépidoptères; à Chartres (Eure-et-Loir).

Leschenaud, voyageur et correspondant du Muséum d'histoire naturelle de Paris.

Leske (C. H.), marchand d'insectes, à Vienne.

Lesson, pharmacien de la marine; très-connu par son voyage autour du monde et ses recherches en histoire naturelle; à Paris, rue Saint-Jacques, n° 166.

Lesueur (Alexandre); a séjourné pendant cinq années dans l'intérieur du Mexique, et y a recueilli un grand nombre d'insectes qui ont été acquis par MM. Chevrolat et Dupont; à Paris.

Leuchtenberg (le duc Auguste de), époux de la reine dona Maria, de Portugal; à Lisbonne; possède une riche collection d'oiseaux du Brésil et d'insectes, dont la plus grande partie lui a été envoyée par l'empereur don Pèdre.

Levesque; habitait jadis Perpignan, et se trouve maintenant, m'assure-t-on, à Toulon; il s'occupe de coléoptères.

Lherminier (Ferdinand), docteur-médecin, à la Pointe-à-Pitre (Guadeloupe); avait formé une collections de coléoptères de cette île, mais s'en est défait en faveur de MM. Chevrolat et Dupont. La science lui doit la découverte de plusieurs espèces nouvelles. Son père, Félix, mort depuis un an, avait recueilli une assez belle suite d'insectes pendant un séjour dans la Caroline du Sud. Une espèce de *Saperda* lui a été dédiée dans l'ouvrage de M. Schœnherr.

Lhuillier (Jacques-François), avocat, membre de la Société helvétique des sciences naturelles; à Genève.

Lindforss, à Abo, en Finlande.

Linz (J. M.), contrôleur des contributions, à Spire (Bavière rhénane); possède une très-riche collection générale d'entomologie, surtout remarquable par la belle suite de *Diptères;* cette collection est le résultat de trente années de recherches. Il a publié plusieurs mémoires sur les coléoptères, qui se trouvent disséminés dans divers recueils périodiques. C'est lui qui, avec MM. Koch et Müller, fournit à Dahl les moyens de faire ses premiers voyages entomologiques. Il a enrichi la Faune entomologique des environs du Rhin d'une foule d'espèces nouvelles. Ses principales études tendent à éclaircir et à simplifier la terminologie des insectes.

Lipp, entomologiste, à Linz (?), en Autriche.

Loewe (Chr. Louis Guill.), à Halle (?); fit, en 1814, une thèse ayant pour titre: *De partibus quibus insecta spiritus ducunt.*

Longman (Wil.), à Hampstead, dans le New-Hampshire (Angleterre); collaborateur de l'*Entomological Magazine.*

Lopez (don Salvador), aumônier de la maison royale de Saint-Antoine de la Florida, près de Madrid. Il a publié un excellent mémoire sur les insectes nuisibles aux vignes, et sur les moyens de les détruire; en ce moment il s'occupe d'un catalogue d'insectes avec leurs noms vulgaires espagnols. Sa collection est assez jolie; il s'adonne principalement aux lépidoptères.

Lorey (Félix), docteur-médecin, membre de plusieurs sociétés savantes, etc.; s'occupe de coléoptères et de lépidoptères; a publié un mémoire sur le cri du *Sph. Athropos;* à Dijon (Côte-d'Or).

Lorquin (P. H. M.), agent d'affaires, membre de la Société entomologique de France; possède des coléoptères et des lépidoptères de France, et principalement du Hainault, dont la Faune est très-riche; à Valenciennes (Nord).

Loss (P. J.); a fait un voyage à Madagascar, et en a rapporté une très-belle suite d'insectes qu'il a donnés à M. Desmarest; il possède une collection de coléoptères de tous pays.

Lubber (A. G.), à Breslau.

Lucas, employé au laboratoire d'entomologie du Muséum de Paris, membre de la Société entomologique de France, à Paris; s'occupe spécialement des arachnides.

Luczot (F. M. Jul.), ingénieur en chef des ponts-et-chaussées, membre de la Société entomologique de France et de plusieurs autres sociétés savantes; à Paris; a fait un mémoire sur les sens des insectes et principalement sur l'organe de l'ouïe; il s'occupe de coléoptères et de lépidoptères. Son fils, M. Charles, lieutenant de vaisseau, lui a rapporté des insectes de Terre-Neuve, du Chili et de Madagascar.

Luxer (de), président du tribunal civil de Nancy; possède une très-belle collection de lépidoptères d'Europe et exotiques; a fait connaître une foule d'insectes nouveaux.

Lyonnet, savant entomologiste; a publié entre autres, en 1833, des *Recherches sur l'Anatomie et les Métamorphoses de différentes espèces d'insectes* (2 vol. in-4°, avec 57 pl. Paris, chez Baillière; prix, 40 fr.).

Macaire, banquier, à Constance (Suisse); possède une très-belle collection de lépidoptères.

Maccary (Ange), docteur en médecine, à Nice; a écrit sur les scorpions et les lépidoptères.

Mac Leay (W. S.), père, de Londres, habite maintenant la terre de Van Diémen. Les *Horæ entomologicæ* perpétueront sa mémoire. La science lui doit en général beaucoup.

Mac Leay fils (Alexandre), un des entomologistes les plus

actifs d'Angleterre ; possède une immense collection, dont j'ai vu une grande partie en 1824, pendant mon séjour à Londres. Il est maintenant à l'île de Cuba.

Macquart (Justin), membre du conseil général du Pas-de-Calais, l'un des administrateurs du Musée d'histoire naturelle de Lille, membre de plusieurs sociétés savantes et de la Société entomologique de France ; auteur d'une excellente description des *Diptères du Nord* de la France et des *Diptères* (suite à Buffon). Cet entomologiste distingué possède une collection qui s'étend à tous les ordres. En hiver il réside à Lille (Nord).

Magnol, à Montpellier.

Mags, pasteur, à Irsingen, près de Turckheim; collecte avec zèle.

Mahieu, ex-médecin en chef du lazaret Marie-Thérèse, à Pouillas ; actuellement conservateur du cabinet d'histoire naturelle de Châlons-sur-Marne; possède une collection de coléoptères et d'hyménoptères de France.

Maille (Arsenne), entomologiste instruit, à Rouen ; possède une belle collection de coléoptères de tous pays.

Malinovsky (de), capitaine, à Magdebourg; a publié un ouvrage utile sur la chasse aux insectes, et quelques autres écrits.

Mannerheim (le comte Charles-Gustave de), gouverneur de Wiborg, en Finlande, membre de la Société entomologique de France, etc. ; connu comme très-bon entomologiste ; a publié entre autres une classification des *Brachélytres*.

Marc, armateur, au Hâvre; s'occupe d'entomologie.

Marcel de Serres, entomologiste distingué; a publié des travaux très-intéressans sur les yeux des insectes, etc. ; à Montpellier.

Marchal, a résidé pendant dix années à l'île Maurice, d'où il a rapporté à Paris une grande collection d'insectes.

Marchand père, membre correspondant de la Société linnéenne de Paris, membre de la Société entomologique de France; possède une des plus belles collection d'Europe en lépidoptères indigènes et exotiques, ainsi qu'en coléoptères, et il a, entre autres, acquis celle de feu Godard. Sa collection a cela de remarquable, qu'à côté de chaque espèce de lépidoptère se trouve la chenille, moulée en cire, et la chrysalide. Cette disposition, si utile à la science, rend la collection de M. Marchand l'une des plus précieuses qui existent; à Chartres (Eure-et-Loir), place Marceau.

Margarot (Auguste), membre de la Société entomologique de France; s'occupe de lépidoptères, à Nîmes (Gard).

Marietti, à Milan; s'occupe de coléoptères.

Marklin (Gabriel), adjoint au cabinet d'histoire naturelle d'Upsal.

Marloy (C. P. J. B.), ex-chirurgien de navires, maintenant médecin, à Auriol, près de Marseille, membre de la Société entomologique de France; a fait un voyage en Grèce et sur les côtes de l'Afrique, dont il a rapporté beaucoup d'insectes. Il a donné une partie de ses coléoptères au Muséum et aux divers entomologistes de sa connaissance, pour se livrer principalement à l'étude des lépidoptères; sa collection est intéressante, et il s'applique à l'augmenter; elle comprend des espèces de tous pays. M. Boisduval lui a dédié une nouvelle espèce d'*Hespérie*, qu'il a découverte en Grèce.

Marmora (le chevalier A. de la), entomologiste, à Turin; a publié des travaux sur l'histoire naturelle.

Marshall (Thomas), à Bridgnorth, comté de Shrop (Angleterre); a publié des observations dans l'*Entomological Magazine*.

Martini (de), collecteur; cité dans les *Essais entomologiques*, de M. Hummel.

Martius (E. F. Ph. de), conseiller de la cour, professeur, etc., à Munich. Ce célèbre savant a fait, avec feu de Spix, un voyage au Brésil, où ils ont recueilli et observé beaucoup d'insectes, que M. Perty a publiés plus tard dans le *Delectus animalium*.

Mathieux (C. M. J.), docteur-médecin et négociant, à Orléans (Loiret), rue des Carmes, n° 20; s'occupe depuis peu d'entomologie; sa collection renferme de beaux coléoptères de tous pays.

Mauricel, docteur-médecin, à Vannes (Morbihan).

Maymat, lieutenant au 2e de hussards, en ce moment en garnison à Sélestat (Bas-Rhin); s'occupe avec beaucoup de zèle des coléoptères.

Megerle de Muhlfeld (Jean-Charles), premier conservateur du Muséum de Vienne, entomologiste consciencieux; a publié une liste de corrections à l'ouvrage de Fabricius, etc.

Meigen (J. W.), le célèbre diptérologiste, à Stollberg, près d'Aix-la-Chapelle. Une nouvelle édition de son bel ouvrage doit paraître sous peu à Paris.

Meissonnier-Valcroissant (Dom. Saint-Aug.), homme de lettres; s'occupe de lépidoptères et en possède une très-jolie collection; à Hyères (Var).

Mellet, pasteur, à Pomy, près d'Iverdun, canton de Vaud; excellent connaisseur, possédant une riche collection de coléoptères et de lépidoptères, qui est arrangée avec un soin tout particulier.

Melly, négociant, membre de la Société entomologique de France; possède une grande collection d'insectes exotiques; à Manchester.

Melsheimer, docteur, employé des finances au château d'Ehrenberg, près de Heilbronn, entomologiste instruit.

Ménétriés (J. Franç.), à Pétersbourg, directeur du Muséum, membre de la Société impériale des naturalistes de Moscou, etc.; a accompagné le comte de Langsdorf au Brésil, et a fait depuis un voyage sur les bords de la mer Caspienne; il a décrit le résultat de ses découvertes dans un ouvrage publié aux frais de gouvernement russe; enfin, il a publié de bons mémoires entomologiques dans les *Actes de l'Académie des sciences de Pétersbourg.*

Menzinger, à Fribourg, en Brisgau.

Mercey, à Paris, quai Malaquais, n° 3; s'occupe d'entomologie.

Merck (Paul), possède une très-belle collection de lépidoptères, surtout riche en *Noctuelles;* à Lyon, quai de la Saône.

Méribel, à Montbonnot, près de Grenoble.

Merklin (G.), démonstrateur, à Upsal, en Suède; entomologiste zélé.

Meunier (J. B.), peintre du Muséum d'histoire naturelle de Paris, membre de la Société entomologique de France; à Paris.

Meyer (Gustave), à Nancy; s'occupe de lépidoptères; a séjourné long-temps à Madagascar et à Bourbon; en a rapporté des insectes.

Meyer, médecin attaché à la justice, à Vilsbibourg, en Bavière; très-bon entomologiste; possédant une riche collection d'insectes.

Micard (Nicol.), membre de la Société géologique de Paris et de la Société entomologique de France; s'occupe de coléoptères; à Paris.

Michel (J. Charles), de Pompey (Meurthe), capitaine au 17e régiment d'infanterie de ligne; possède une collection de coléoptères; à Perpignan.

Mieg (J. J.), professeur de chirurgie; possède une collection de lépidoptères et de coléoptères; dans cette dernière se trouvent de belles espèces de la Guinée; il s'occupe en ce moment d'une *Monographie des Buprestides;* à Bâle.

Miels fils, à Grenoble.

Mikan (J. Chr.), docteur et professeur, à Prague, auteur de la *Monographia Bombyliorum Bohemiæ;* a fait un voyage au Brésil.

Milbert, peintre et correspondant du Muséum de Paris; se trouve dans l'Amérique du nord.

Milne-Edwards (Henri), professeur de zoologie à l'École centrale des arts et manufactures de Paris, membre de la Société entomologique de France; s'occupe principalement de crustacés; à Paris.

Minkwitz (S. A. de), à Grunwitz, en Silésie.

Moerkel (Fr.), chantre, à Saint-Wehlen, près de Pirna, en Saxe.

Moerkel (Joseph), employé au trésor, à Munich.

Mombailly, cordonnier, à Strasbourg; amateur de lépidoptères.

Monier, professeur au collége des arts et métiers à Châlons-sur-Marne.

Monlet de Laroche, employé des postes, membre de la Société entomologique de France; possède une collection de lépidoptères, et s'occupe en ce moment d'observations sur le *B. Rubi;* à Vendôme (Loir-et-Cher).

Montault des Isles, membre de la Société entomologique de France, à Loudun (Vienne).

Moraud, capitaine d'infanterie; à Paris, rue des Bains-Saint-Paul.

Morawitzky (le comte de), lieutenant d'infanterie, à Munich; s'occupe beaucoup de l'éducation des chenilles; sa collection de lépidoptères est moins belle qu'intéressante.

Morineau, lieutenant de grenadiers au 8e de ligne, membre de la Société entomologique de France; a fait partie de l'expédition de Morée et en a rapporté des insectes; il s'occupe spécialement de coléoptères; à Phalsbourg.

Moritz, instituteur, à Hage, près de Friesack; est parti, le printemps dernier, pour faire un voyage aux Indes occidentales; s'occupe activement d'entomologie.

Moux-Deloche, cité par M. le comte Dejean.

Muhldorf, auteur d'un nouveau procédé pour l'impression des lépidoptères; à Breslau.

Mühlenfort, docteur; à Gœttingue.

Mühlenpfordt, docteur et professeur d'histoire naturelle, à l'école industrielle de Hanôvre.

Müller, docteur en médecine, à Cassel (électorat de Hesse); collecte des insectes.

Müller (Antoine), employé et conservateur du Musée zoologique de Brunn, en Moravie, entomologiste actif et chasseur adroit; possède une grande collection d'insectes.

Müller (Em. Got.), inspecteur des routes, membre de la Société helvétique des sciences naturelles; à Berne.

Müller (Ph. G. J.), pasteur, résidant autrefois à Odenbach, près de Mayence; a publié d'excellens mémoires sur l'entomologie; mais a, dit-on, entièrement renoncé à cette science.

Müller (Rod.), pasteur, membre de la Société helvétique des sciences naturelles; au Grindelwald (canton de Berne).

Mulsant (Et.), membre de la Société entomologique de France, auteur des *Lettres à Julie sur l'Entomologie*; à Lyon.

Multzer (de), à Passau (Bavière).

Münch (Jean-Gasp.), entomologiste, à Bâle; s'occupe de coléoptères et de lépidoptères.

Munnoz (Bartolomeo), à Buénos-Ayres (Amérique du sud).

Muschl, prédicateur, à Koholow, près de Friedland, entomologiste très-zélé.

Nagezahn (le père Albert), supérieur du couvent des bénédictins de Saint-Pierre, près de Salzbourg; observateur zélé, qui consacre tout le produit de ses recherches à la belle collection qui existe au couvent.

Nathusius (Herrmann), zoologiste instruit, s'occupant aussi d'entomologie; à Hundisbourg, près de Magdebourg.

Natly (Joseph), employé au bureau des passeports, à Pesth, en Hongrie; s'occupe exclusivement et avec zèle de lépidoptères.

Natterer (Jean); de Vienne; connu par ses voyages et par ses connaissances en entomologie; voyage au Brésil, où il a déjà recueilli plus de 30,000 insectes.

Navarro, jeune entomologiste, natif des Canaries, et qui commence à former une collection de lépidoptères; il se trouve en ce moment à Barcelonne pour y faire ses études; dès qu'elles seront achevées (dans le courant de 1835), il retournera dans sa patrie, où il se promet de cultiver l'entomologie avec zèle.

Nees d'Esenbeck (C. G.), docteur en médecine et en philosophie, professeur de botanique à l'Université de Breslau, et *præses* de l'Académie de Bonn. Ses travaux en botanique et sur les insectes ont rendu son nom célèbre. Il vient de publier un premier volume sur les *Ichneumonides*. Cet ouvrage, écrit en latin, a pour titre : *Hymenopterorum Ichneumonibus affinium monographiæ, genera Europea et species illustrantes.* (Voir plus loin la note sur le Muséum de Bonn.)

Neichel (Charles), docteur en médecine ; s'occupe de lépidoptères d'Europe ; à Pesth, en Hongrie, rue du Petit-Pont.

Nenning, collecteur, à Prague.

Nentrich, pharmacien ; s'occupe exclusivement de lépidoptères d'Europe et de botanique ; possède une collection nombreuse et bien conservée ; à Fünfkirchen, en Hongrie.

Newmann (E. F. L. S.), membre de la Société entomologique de France, etc., entomologiste très-instruit ; a publié une *Monographia Ægeriarum Angliæ* insérée dans l'*Entomological Magazine ;* en 1832, un *Essai sur le Sphinx vespiformis*, et des *Notes entomologiques,* insérées dans l'*Entomological Magazine ;* à Deptford (Angleterre).

Nicolai ; a publié une bonne *Monographie des insectes des environs de Halle,* dans laquelle il fait connaître plusieurs espèces nouvelles du genre *Pogonus.*

Niseteo, à Civita-Vecchia, dans l'île de Lésina (Dalmatie.)

Nitzsch (Ch. L.), docteur et professeur d'histoire naturelle, à Halle ; naturaliste distingué, qui s'occupe de l'anatomie des insectes.

Nodier (Charles), bibliothécaire de l'Arsenal de Paris, membre de l'Institut et de la Société entomologique de France, etc. ; littérateur très-connu ; s'est occupé d'entomologie, même dans quelques-uns de ses ouvrages de littérature ; à Paris.

Nordmann (Alexandre de), professeur, à Odessa.

Norris (Th.), possède une collection de coléoptères ; à Rodrales, près de Manchester.

NORWICH (A. H.); habite les États-Unis.

NYBLOEUS (Ol.), secrétaire des ordres du roi, membre de la Société entomologique de France; à Stockholm.

OAKS (W.); s'occupe de coléoptères; à Ipswitch-Massachuzsetz, comté d'Essex, en Angleterre.

OBERLEITNER (Ignace), brasseur, à Munich; chasseur très-zélé, ayant de grandes connaissances en entomologie; possède une collection d'environ 10,000 coléoptères et lépidoptères. Il a acheté la belle collection de Werner.

OEchsner, professeur, à Aschaffenbourg (Bavière); collecte des insectes.

OEskay (le comte d'), chambellan, entomologiste très-instruit; possède une grande collection de coléoptères, d'orthoptères et d'hyménoptères de tous pays; il a publié plusieurs mémoires dans les *Horæ entomologicæ* de M. de Charpentier; à OEdenbourg, en Hongrie.

OKEN (L.), conseiller de la cour de Saxe, recteur de l'Université de Zurich; naturaliste célèbre; a publié entre autres, sous le titre d'*Isis*, un journal consacré aux sciences naturelles, et qui est souvent cité pour ses articles sur l'entomologie; auteur d'une excellente traduction allemande de *l'Introduction à l'Étude de l'Entomologie*, de MM. Kirby et Spence.

OLFERS (d'), précédemment secrétaire du consulat prussien, à Rio-Janéiro; maintenant chargé d'affaires prussien, à Berne.

OPITZ (P. M.), employé aux domaines de l'État; fait le commerce d'insectes; a publié un écrit sur les échanges d'insectes; à Prague.

ORBIGNY (d'), père, naturaliste, membre de l'Académie des sciences, arts et belles-lettres de La Rochelle; possède des insectes de tous les ordres; à La Rochelle (Charente-Inférieure).

ORBIGNY (Charles Dessalines d'), célèbre voyageur, membre de plusieurs sociétés savantes et de la Société entomologique de France; publie en ce moment un grand ouvrage intitulé : *Voyage dans l'Amérique du sud*, en 75 livraisons in-4°; chaque livraison de six à sept feuilles de texte (Paris et Strasbourg, chez Levrault, libraire) avec planches; à Paris.

Ortmann, pharmacien, à Carlsbad, en Bohême.

Ossa (Ant. de la), directeur du jardin botanique, à la Havane.

Ott, orfèvre, à Strasbourg; entomologiste zélé, étudiant les coléoptères avec soin; il possède une jolie collection, surtout riche en espèces d'Alsace.

Ougspurger, à Berne, s'occupe exclusivement de coléoptères; possède une belle collection.

Ougspurger, à Berne, frère du précédent; s'occupe de lépidoptères; sa collection est, dit-on, très-riche.

Palliardi, docteur-médecin, à Asch, en Bohême; a publie deux décades de nouveaux *Carabiques*.

Pander, docteur-médecin et membre de l'Académie, à Pétersbourg.

Paris (Aug. Sim.), avoué, membre de la Société entomologique de France; s'occupe de lépidoptères; à Épernay (Marne).

Parreyss, était marchand d'insectes, à Vienne; mais il a renoncé à ce commerce, et se trouve maintenant à Prague.

Passerini (Carlo), directeur du Muséum d'histoire naturelle de Toscane, membre de la Société entomologique de France.

Paul-Guillaume, de Wurtemberg (le prince); possède, au château de Mergentheim, près de Stoutgard, une belle collection d'histoire naturelle, et surtout des insectes que ce prince a recueillis lui-même dans l'Amérique du nord.

Pechmann (de), lieutenant, à Munich; possède une belle collection de coléoptères.

Peetz, à Mayence; possède, dit-on, une collection d'insectes.

Pénau, à Nantes, rue des Caves; ce naturaliste zélé consacre tous ses momens à l'étude de l'entomologie, de la botanique et de la conchyologie.

PERCHERON (Achille), auteur d'une *Monographie des Cétoines*, qu'il publie avec M. Gory, et de plusieurs mémoires sur l'entomologie ; il possède une collection d'insectes de tous les ordres, et une très-belle bibliothèque entomologique ; à Paris, rue des Grands-Augustins.

PEREVE, à Clameci (Nièvre).

PEROUD fils, avoué, à Lyon.

PERRET, à Aix-les-Bains, en Savoie ; possède une collection de coléoptères et de lépidoptères de la Savoie.

PERTY (Maximilien), professeur de zoologie et d'anatomie comparée, à Berne ; très-connu, comme entomologiste, par ses travaux dans l'*Isis* et son *Delectus animalium*. (Voir le nom de MARTIUS.)

PETAGNA fils, à Naples.

PEYROLERI, à Turin.

PHILIPPI (Rodolphe-Amand) de Berlin ; a publié, en 1830, une dissertation sur les *Orthoptères* des environs de Berlin.

PICTET-BARABAN fils (F. R. Jul.), membre de l'administration du Muséum d'histoire naturelle de Genève, membre de la Société helvétique des sciences naturelles et de la Société entomologique de France ; va publier sous peu un *Mémoire sur les Phryganes*, et s'occupe d'un travail sur les *Buprestides*.

PIERRET (Remond-Alexandre-Désiré), membre de la Société entomologique de France ; s'occupe de lépidoptères ; à Paris.

PINARD (l'abbé), professeur d'histoire naturelle au séminaire de Saint-Germer-de-Coudrai (Oise) ; possède une collection d'insectes indigènes de tous les ordres.

PLANTIN, à Lyon, rue de la Vieille-Monnaie.

PLATZMANN, à Mayence ; possède, dit-on, une collection d'insectes.

POEY, avocat à la cour royale de Paris, membre de la Société entomologique de France ; a fait un voyage à Cuba, et a publié un travail sur les lépidoptères de cette île.

POLTIEZ, conservateur du Musée de Douai.

PORCHET, pépiniériste, à Tours (Indre-et-Loire).

PORRO (don Carlo), à Milan; s'occupe de coléoptères.

POUTIER, officier de marine; a rapporté, en 1831, de l'île Bourbon, une quantité considérable de lépidoptères, dont il fit don à M. Boisduval.

PRESSL (J.), à Prague.

PRÉVOST, entomologiste russe; résidant aux États-Unis.

PRÉVOST-DUVAL (P. L. A.), négociant, membre de la Société helvétique des sciences naturelles; possède une belle collection; connu en entomologie; à Genève.

PROUST DE LA GIRONNIÈRE (Paul), propriétaire, à Jalajala (Manille); s'occupe de l'entomologie en général.

PÜRINGER, chantre de la ville, à Zungenhausen, cercle du Rézat, en Bavière; ce vétéran de la lépidoptérologie seconda vivement, en 1794, Hübner et Esper, dans leurs travaux; sa collection est magnifique.

PUZOS, sous-intendant militaire; recueillit beaucoup d'insectes, à Saint-Jean-Pied-de-Port, quoiqu'il ne s'occupât point d'entomologie.

RADIGON, à Nantes, au moulin des poules; s'occupe avec zèle des papillons indigènes, dont il possède une collection remarquable.

RADIOT (Clément), employé à l'administration des postes, membre de la Société entomologique de France; s'occupe de coléoptères; à Paris.

RÆTZER (Albert-Rod.), pasteur, membre de la Société helvétique des sciences naturelles; à Sanen (canton de Berne)

RAIMOND DE LA SAGRA, professeur d'histoire naturelle au jardin botanique, à la Havane; possède une collection de coléoptères.

RAMBUR (Pierre), docteur-médecin, membre de la Société entomologique de France; lépidoptérologiste très-instruit, l'un des collaborateurs de l'*Icones des Lépidoptères d'Europe*, publié par M. Boisduval; a visité la Corse, et voyage en ce moment même en Espagne dans l'intérêt de la lépidoptérologie; il a publié un *Catalogue raisonné des Lépidoptères de la Corse.*

Rathke (Henri); a publié, en 1832, un écrit intitulé : *De Libellarum partibus genitalibus;* à Kœnigsberg.

Ratzeburg, docteur, à Berlin; a publié un *Mémoire sur le Développement des Fourmis*, et, dans les *Actes de Bonn*, un travail *sur les larves apodes des Hyménoptères.*

Reich (G. C.); docteur et professeur de médecine, à Berlin; entomologiste très-instruit; possesseur d'une collection de plus de 20,000 coléoptères.

Reiche, ancien officier de santé, membre de la Société entomologique de France; possède une jolie collection de coléoptères; à Paris, rue du Marché-Saint-Honoré, n° 4.

Reichel, à Pesth, en Hongrie; possède une riche collection de lépidoptères.

Reichenbach (H. G. L), professeur, à Dresde; botaniste distingué, et auteur d'une *Monographie des Psélaphes.*

Reinhardt (H.), professeur de zoologie; à Copenhague.

Reinwardt (C.), professeur d'histoire naturelle; à Leyde.

Relinguent (Fréderic de), employé des douanes; il possède 14 à 1500 espèces de coléoptères, en grande partie d'Europe; à Bordeaux, allée des Noyers, n° 65.

Renard, pharmacien, à Saint-Quentin (Aisne).

Renner, docteur-médecin, à Friedberg (grand-duché de Hesse); collecte des coléoptères et des lépidoptères d'Europe.

Rennie (James), professeur de zoologie au collége royal de Londres; a publié un *Catalogue d'insectes à l'usage des commençans.*

Requien, à Avignon.

Retzius, professeur d'anatomie à l'académie de Stockholm.

Reussmann (J. G. F.), à Leerte (pays de Lunebourg).

Rey (Charles), lieutenant de corvette; possède une belle collection entomologique; à Toulon (Var).

Richard, ancien directeur des postes, à Lunéville; s'occupe de coléoptères, et principalement de lépidoptères.

Riche (M.), à Francfort ; échange et vend des papillons.

Richter (E. F. G.), instituteur, à Breslau ; connu par des travaux lépidoptérologiques dans le *Magasin* de Germar ; fait des échanges de coléoptères et de lépidoptères.

Richter, jardinier de la cour, à Luisiana, près de Deseau ; lépidoptérologiste zélé.

Ridolfi (le marquis), à Florence ; s'occupe de lépidoptères.

Riedl, collecteur, à Prague.

Riese (J. M.), ceinturier ; collecte activement les lépidoptères des environs de Francfort, et fait un assez grand commerce de lépidoptères d'Europe ; à Francfort, *hinter den Predigern,* lit. A, n° 89.

Rippert (J. F.), à Beaugency (Loiret) ; s'occupe de lépidoptères ; a découvert, dans le Loiret, la *Sat. OEdipus* et le *Catocala optata;* a fait un voyage en Provence, et en a rapporté plusieurs lépidoptères nouveaux, dont un *Argus,* qu'il a dédié à M. Boisduval.

Robelin, marchand naturaliste ; à Montpellier.

Robert (Charles) ; à Chenée, près de Liège (Belgique) ; membre de la Société des sciences naturelles et de la Société entomologique de France ; entomologiste zélé ; possède une collection de coléoptères intéressante par les espèces rares de la Belgique. Il a publié quelques espèces inédites dans le *Magasin de Zoologie.*

Robineau-Desfroidy (J. B.), docteur-médecin, membre de la Société entomologique de France ; a publié, en 1826, un *Mémoire sur les Diptères du canton de Saint-Sauveur;* s'occupe principalement de diptères ; à Saint-Sauveur (Yonne).

Robyns (Mart. J.), membre de la Société entomologique de France ; s'occupe de tous les ordres des insectes ; à Bruxelles, rue Neuve.

Rockstroh (Henri), docteur, à Berlin ; a publié, en 1825, un ouvrage *sur la Manière de collecter les Lépidoptères.*

Roger (Théod.), négociant ; s'occupe de coléoptères et de lépidoptères. Sa collection de coléoptères se compose de

14 à 15,000 espèces de tous pays, et celle de lépidoptères d'environ 10,000 espèces, dont plus du tiers en *Ropalocères*, et le double en *Hétérocères*. Il a publié des descriptions de lépidoptères dans le *Bulletin de la Société linnéenne de Bordeaux*, et une instruction sur la chasse aux insectes; à Bordeaux, maison Marie Brizard et Roger.

Rolett (Laurent), instituteur, à Trieste; c'est un homme très-recommandable.

Rolland fils (P.); possède une collection de coléoptères et de lépidoptères de France; à Tours (Indre-et-Loire), rue Royale, n° 13.

Rolli, pharmacien, à Rome.

Romand (Balth. Ét. de), payeur général, membre de la Société entomologique de France. Cet entomologiste estimable possède l'une des plus nombreuses bibliothèques entomologiques de France. Il s'occupe de coléoptères, de lépidoptères et d'hyménoptères; c'est ce dernier ordre qu'il étudie maintenant de préférence, et sur lequel il prépare un grand ouvrage. Sa collection est très-variée en insectes de tous pays, et renferme entre autres les hyménoptères qu'avait Latreille.

Rordorf (Rodolphe), pasteur, membre de la Société helvétique des sciences naturelles; s'occupe avec zèle de lépidoptères; à Seen (canton de Zurich).

Rosenthal (Fr. Chr.), docteur, professeur d'anatomie et de physiologie, à Greifswalde; s'occupe de la physiologie des insectes. J'ignore s'il vit encore.

Roser (C. L. F. de), conseiller intime de légation, directeur de chancellerie du ministère des affaires étrangères; possède une belle collection d'insectes, parmi lesquels se trouvent des espèces nouvelles de Wurtemberg; a publié un *Catalogue des Diptères de Wurtemberg*, une *Monographie des Xylophages*, etc. Il s'occupe principalement des insectes de Wurtemberg de tous les ordres, et s'attache à étudier leurs métamorphoses et leurs mœurs. Sa collection renferme néanmoins aussi des insectes exotiques, et notamment du Cap et de l'Amérique du nord ; à Stoutgard.

Rousseau, capitaine aux équipages de ligne ; à Brest.

Roussel, professeur à l'hôpital d'instruction du Val-de-Grâce, à Paris ; s'occupe de l'entomologie en général.

Rotermund (H.), conservateur du Muséum d'histoire naturelle de Breslau.

Roth, pasteur, en Transylvanie, dans les environs de Klaussenbourg ; s'occupe de coléoptères.

Rüppel (Édouard), docteur ; célèbre par ses voyages en Égypte, en Arabie, en Nubie et en Abyssinie. Quoiqu'il ne s'occupe pas spécialement d'entomologie, il a toutefois recueilli quantité d'insectes intéressans de tous les ordres, qu'il a offerts avec une rare générosité au Muséum de la Société d'histoire naturelle de Francfort. Les crustacés font plus particulièrement l'objet de ses études. M. Rüppel, depuis peu de retour de son dernier voyage, habite Francfort-sur-le-Mein.

Rusticus, à Gadalming, comté de Surrey (Angleterre), collaborateur de l'*Entomological Magazine*.

Sadler (Joseph), professeur et doyen de la faculté de médecine de Pesth (Hongrie), directeur du Musée national de cette ville ; s'occupe principalement de botanique, et secondairement d'entomologie.

Sahlberg (E. R.), professeur d'histoire naturelle à l'Académie impériale d'Alexandre, membre de la Société entomologique de France, etc., entomologiste infatigable ; a publié en 1833 : 1° *Periculi entomograghici species insectorum nondum descriptas proposituri fasciculus* ; 2° *Insecta suecica*, etc. ; possède de beaux insectes de la Laponie ; à Helsingfors (Suède).

Saint-Foix, capitaine d'artillerie, à Besançon ; a fait un séjour à Alger ; il en a rapporté des coléoptères dont il a bien voulu me donner une partie.

Saint-Marceaux (A. M. G. de), propriétaire, adjoint du maire, membre de la Société entomologique de France ; à Reims (Marne).

SAINT-YON (de), colonel au corps royal de l'état-major; s'occupe de lépidoptères et possède une belle collection; à Paris, rue de la Ferme-des-Mathurins.

SALLÉ (veuve et son fils), voyagent depuis trois ans, avec M. Vasselet, dans le Mexique, pour recueillir des insectes au nom d'une société d'actionnaires; ils ont déjà envoyé plus de 30,000 coléoptères. Ils sont sur le point de revenir à Paris.

SALZMANN, botaniste et marchand d'insectes, à Montpellier.

SAMOUELLE (G.), à Londres; auteur de l'*Entomological Cabinet.*

SANDER, recteur, à Hildesheim; entomologiste actif.

SANS (Mariano), propriétaire, membre de l'Académie royale des sciences et arts de Barcelonne, directeur de la partie zoologique et minéralogique, et membre de la Société entomologique de France; possède une collection de coléoptères de la Catalogne, dont il s'occupe avec zèle. Il a publié une méthode analytique des carabiques, et il fait en ce moment, avec M. Græll fils, le catalogue des coléoptères de la Catalogne; à Barcelonne, place des Géants, n° 3.

SAPORTA (le comte Adolphe de); s'occupe principalement de lépidoptères, dont il possède une grande collection; on lui doit la découverte de plusieurs espèces, à Aix (Bouches-du-Rhône).

SARTORIUS, au Mexique; a fait de nombreux envois d'insectes à M. Hœpfner, de Darmstadt.

SATLER, directeur du Muséum national de Pesth, en Hongrie.

SAUVIGNY, naturaliste et voyageur du Muséum de Paris.

SAVI (Paolo), à Pise.

SAVIGNY, membre de l'Institut, membre honoraire de la Société entomologique de France. Ce savant est connu par ses voyages en Égypte, etc.; à Versailles, près de Paris.

SAXESSEN (W.), peintre, à Clausthal, près du Harz.

SAY; était à Philadelphie; a publié deux volumes sur les insectes de l'Amérique du Nord; mais il s'est retiré depuis quelque temps dans la colonie connue sous le nom de l'*Harmonie*, et ne s'occupe plus d'entomologie. Je crois même qu'il est mort.

Schenk de Schweinsberg-Woeldershausen (Fréderic), secrétaire intime; possède une riche collection de lépidoptères d'Europe, qui lui vient de son père, et qu'il continue d'augmenter; à Darmstadt (grand-duché de Hesse).

Scheuereck, marchand d'insectes, à Leipsig.

Schilling, employé au collége de Breslau; s'occupe de lépidoptères.

Schinz (Rodolphe), docteur-médecin et professeur, membre de la Société helvétique des sciences naturelles; possède un joli cabinet de zoologie, dans lequel se trouve une collection d'insectes; à Zurich.

Schimper (G. P. S.), aide-naturaliste au Muséum d'histoire naturelle de Strasbourg, botaniste instruit; s'occupe aussi d'entomologie.

Schimper (Guillaume), voyageur de la Société des voyages d'histoire naturelle d'Eslingen; est en ce moment, avec M. Wiest, en Égypte, d'où il se rendra en Arabie, pour y recueillir des insectes et d'autres objets d'histoire naturelle.

Schloifer (J.), à OEdenbourg (Hongrie).

Schlüter, entomologiste; à Halle.

Schmetterer, collecteur au service de M. le comte de Jenison-Walworth; à Ratisbonne.

Schmidt (Ferd. Jos.), négociant, à Laybach; collecteur infatigable et instruit; s'occupe aussi des autres parties de la zoologie; a publié quelques observations dans le *Faunus*.

Schmitt, conseiller du gouvernement, à Stettin; s'occupe d'entomologie.

Schoedel, forestier; possède une grande collection, à Burgwintheim, cercle du Main supérieur, en Bavière.

Schoenherr (C. Jos.), conseiller de commerce, membre de la Société entomologique de France, etc.; a immortalisé son nom par sa *Synonymia insectorum* dont la suite, contenant une monographie de plus de 3000 *Curculionites*, paraît en ce moment à Paris (chez Roret, rue Hautefeuille, n° 10 *bis*). Ce précieux travail est le fruit de plus de trente années de travaux ; à Skarra et Sparresater, près de Stockholm.

SCHRANK (François de Paule de) ; ce respectable vétéran de l'entomologie, dont les nombreux travaux sont si célèbres, vit encore ; à Munich.

SCHRECKENSTEIN (Fr. de), a publié un catalogue des insectes des environs de la source du Danube.

SCHREIBERS (le chevalier Charles de), directeur du Muséum de Vienne. Cet entomologiste distingué a publié des coléoptères nouveaux dans les *Linnean Transactions*.

SCHREINER, chef d'institution, à Ribeauvillé (Haut-Rhin) ; amateur de lépidoptères.

SCHREINER, frère du précédent, docteur-médecin, à Sainte-Marie-aux-Mines (Haut-Rhin) ; s'occupe d'entomologie.

SCHUBERT (le chevalier G. H.), conseiller de la cour et des mines, professeur d'histoire naturelle et conservateur du Muséum de Munich ; ce savant distingué s'occupe avec zèle de l'entomologie.

SCHUERMANN (Théod.) ; s'occupe d'insectes indigènes ; est chargé de la partie des coléoptères et des lépidoptères d'Europe du Musée de Bruxelles ; à Bruxelles, rue de la Chancellerie.

SCHULTHESS (Paul), négociant, membre de la Société helvétique des sciences naturelles ; à Zurich.

SCHULTHESS-ESCHER (Gasp.), négociant, membre de la Société helvétique des sciences naturelles ; à Zurich.

SCHUMMEL (T. E.), entomologiste, à Breslau ; publie en ce moment, avec M. Stannius, une *Monographie des Diptères* de la Silésie ; excellent observateur.

SCHÜPPEL (F.), entomologiste célèbre par ses correspondances et la perfection avec laquelle il connaît les insectes ; il est à regretter qu'il n'ait jamais rien voulu publier ; à Berlin.

Schwarzenberg, conseiller de l'administration forestière; collecte des insectes de tous pays; à Cassel (électorat de Hesse).

Schwoegrichen (F.), professeur de botanique, à Leipsig.

Seidel, à Prague; s'occupe d'orthoptères.

Sellier, entomologiste, à Toulon.

Selmann, pharmacien, à Linz (Autriche).

Selys-Longchamps (de), membre de la Société d'histoire naturelle de Liége.

Seyfried (le chevalier de), conseiller, à Ratisbonne; possède une jolie collection.

Sganzin, capitaine d'artillerie de la marine, ex-commandant du fort de Sainte-Marie; a publié d'excellentes notes sur les mœurs des lépidoptères, dans la *Faune de Madagascar, Bourbon et Maurice*, de M. le docteur Boisduval; a fait récemment au Muséum de Strasbourg un envoi d'objets d'histoire naturelle, dans lequel se trouvent de beaux lépidoptères de Madagascar; à Lorient.

Sieber, naturaliste; a voyagé en Égypte, en Palestine, etc.; à Prague.

Siebold, docteur; était long-temps prisonnier en Chine, et est revenu depuis peu en Europe; il a publié une *Dissertatio de Historia naturali Japon. statu*, dans laquelle il décrit quelques nouveaux lépidoptères.

Siffert, marchand de vin en gros, à Belfort (Haut-Rhin); commence à étudier l'entomologie.

Silbermann (Gustave), auteur de ce petit travail, qu'il désire être de quelque utilité à ses collègues en entomologie; à Strasbourg, place Saint-Thomas, n° 3.

Silliman, éditeur de l'*American Journal of sciences;* à Philadelphie.

Sodoffsky (C. G.), docteur-médecin; a décrit, dans le *Bulletin de la Société impériale des naturalistes de Moscou*, beaucoup de *Teignes* et d'autres petits lépidoptères; à Riga.

Solier, capitaine du génie, entomologiste distingué; a publié dans les *Annales* de la Société entomologique de France, dont il est membre, un mémoire sur les *Buprestides*, des observations sur les *Hydrophiliens*; il s'occupe aussi d'un grand travail sur les *Mélasomes*, dont une partie a déjà paru dans les *Annales*. Sa collection de coléoptères est une des plus riches et des mieux nommées; il s'occupe aussi de lépidoptères, dont il possède une collection intéressante; on lui doit la connaissance d'un assez grand nombre d'insectes nouveaux; à Marseille, quartier de la Plaine-Saint-Michel, rue Renard, n° 9.

Sommer (M. C.), négociant, à Altona, près de Hambourg; possède une très-belle collection de coléoptères et de lépidoptères, et une riche bibliothèque entomologique.

Sordet (Louis), ancien régent, membre de la Société helvétique des sciences naturelles; à Genève.

Sowerby (James-Charles), co-éditeur du *Zoological-Journal* de Bell; probablement à Londres.

Spangenberg (E.), à Londres.

Spangenberg (G.), à Hanôvre.

Spence (William-Blundel), secrétaire, pour l'étranger, de la Société entomologique de Londres, membre de la Société entomologique de France, entomologiste célèbre, surtout par son *Introduction à l'Entomologie*, qu'il a publiée avec M. Kirby; à Londres.

Spence (Robert-Henri), membre de la Société entomologique de France; s'occupe de coléoptères; à Londres.

Spinola (le marquis Max. de); on sait qu'il s'est de tout temps occupé avec zèle de l'entomologie; est l'auteur des *Insecta Liguriæ*, publiés en 1809; vient de publier la description d'un *Macraspis* nouveau dans la *Revue entomologique* (t. III, p. 131); a fait des travaux sur les *Buprestides* et les *Élatérides*, qu'il se propose de publier dans le même recueil; à Gênes, rue Sainte-Catherine, hôtel n° 13.

Stadmüller (Mart. Fréd.), batteur d'or, à Augsbourg; possède une collection de lépidoptères.

Stannius (Fr. Herrm.), docteur en médecine et en chirurgie,

à Berlin; publie, avec M. Schummel, les *Insectes de Silésie;* a fait insérer, dans l'*Isis,* divers mémoires sur les insectes; entomologiste de beaucoup de mérite; à Berlin.

Stenz (Charles) père, et M. Antoine, son fils, marchands d'insectes, à Vienne.

Stephens (J. F.); cet entomologiste très-recommandable a publié un volumineux catalogue des insectes d'Angleterre (*Nomenclature of Britisch Insects*), et plusieurs autres ouvrages; il possède une très-riche collection d'insectes de tous les ordres de la Grande-Bretagne, et quelques exotiques, qu'il a bien voulu me montrer pendant mon séjour à Londres.

Sternberg (le comte C. de), conseiller intime de l'empereur d'Autriche, à Prague; géologue et entomologiste.

Stettler (Ch. Got.), colonel, directeur des poudres et salpêtres, membre de la Société helvétique des sciences naturelles; s'occupe de botanique et d'entomologie, à Berne.

Stéven (le chevalier de), conseiller d'État russe, directeur de l'Institut botanique, à Symphoropolis, en Crimée; entomologiste distingué et très-connu; s'occupe de coléoptères.

Stillfried (C. de), à Hirschberg (Silésie).

Stitter (Erdmann), instituteur à Sohr-Neundorf, près de Gœrlitz, en Lusace; a publié, dans les mémoires de la Société des naturalistes de Gœrlitz, un mémoire sur l'amour des fourmis pour leurs jeunes.

Stolz, ingénieur-géographe, à Munich; possède une très-jolie collection de papillons d'Allemagne.

Storch (le chevalier de), conseiller médical et médecin, à Wildbad-Gastein; habite en hiver sa terre de Glaneck, près de Salzbourg.

Straus-Durckheim; ce grand anatomiste occupe l'un des premiers rangs parmi les savans de notre époque. Voici un aperçu de ses divers travaux: *Mémoire sur les Daphnia, de la classe des Crustacés* (*Mém. du Mus. d'his. nat.*, t. V, p. 380, pl. 29; Paris, 1829.) — *Mémoire sur les Cypris, de la classe des Crustacés* (*Mém. du Mus. d'his. nat.*, t. VII,

p. 33, pl. 1 ; Paris, 1820.) — *Considérations générales sur l'anatomie comparée des animaux articulés, auxquelles on a joint l'anatomie descriptive du Melolontha vulgaris* (hanneton), *donné comme exemple de l'organisation des coléoptères*, 1 vol in-4°; ouvrage couronné en 1824 par l'Institut royal de France, et accompagné d'un atlas de dix-neuf planches, gravées aux frais de la même Société savante; Paris, 1828. — *Mémoire sur les Hiello*, nouveau genre de la classe des Crustacés (*Mém. du Mus. d'his. nat.*, t. XVIII). En hiver M. Strauss habite Paris, rue Copeau, n° 4, et en été sa campagne de Frœschwiller, près de Strasbourg (Bas-Rhin).

Streinz, conseiller d'État, à Lintz (Autriche).

Studer (Samuel-Emmanuel), professeur de théologie, membre de la Société helvétique des sciences naturelles; possède une assez grande collection; a publié plusieurs mémoires entomologiques dans le *Naturwiss. Anzeiger*, de Meisner; à Berlin.

Sturm (Jacques), graveur, à Nuremberg, *Tucherstrasse*, n° 1059; l'un des entomologistes les plus zélés et les plus connus; on sait à quel point il a porté la gravure des planches d'insectes. M. Sturm s'occupe de presque toutes les parties de l'histoire naturelle, et leur a consacré bon nombre d'ouvrages qui tous ont de la réputation; un nouveau volume de sa *Faune d'Allemagne* a paru depuis peu; il contient les *Dytiques*.

Suckow (F. W. L.), docteur en médecine, directeur du Muséum d'histoire naturelle de Manheim; a publié, en 1818, des *Recherches anatomiques sur les Insectes.*

Sudan, distillateur; s'occupe de lépidoptères; à Paris, rue Grenier-Saint-Lazare, n° 32.

Sundewall (J. C.), docteur et professeur d'économie agricole, à Lund, en Suède.

Swainson (Will.), éditeur des *Zoological Miscellany;* à Saint-Albans, comté de Hertford (Angleterre).

Swoboda, collecteur, à Prague.

Tams, à Abo (Finlande); a fait un voyage dans la Russie méridionale, et possède une collection de coléoptères.

Teichgroeber, intendant du château d'Arnsdorf, près de Schmiedeberg, en Silésie; observateur zélé.

Terry (Georges), ancien capitaine, membre de la Société géologique de Londres et de la Société entomologique de France; s'occupe de tous les ordres des insectes; à Auxerre (Yonne).

Theis (Charles de), attaché au ministère des affaires étrangères de France, membre de la Société entomologique de France, etc.; s'occupe d'arachnides; à Paris.

Thion (F. Gabr.), docteur-médecin, directeur-adjoint du cabinet d'histoire naturelle d'Orléans, membre de la Société entomologique de France, etc.; s'occupe de tous les ordres des insectes; à Orléans (Loiret).

Thirey, pharmacien, à Hambourg; possède une très-belle collection de coléoptères de tous pays, surtout du Brésil.

Thon (Théodore), docteur; connu comme éditeur des *Archives entomologiques*, qui ont cessé de paraître, de planches d'insectes exotiques, etc.; à Jéna.

Traignaux (Fr. Mat. Cél. du), inspecteur de l'octroi de Paris, membre de la Société entomologique de France; possède une collection de coléoptères du pays; à Paris.

Trautmann, collecteur d'insectes; à Prague.

Treitschké (Fr.), conseiller de la cour; célèbre lépidoptérologiste, continuateur infatigable de l'ouvrage d'Ochsenheimer; à Vienne.

Tremblaye (de la), conseiller de préfecture; à Châteauroux.

Tricou (Hypol.), docteur-médecin; s'occupe de l'entomologie en général; à la Nouvelle-Orleans (Amérique du nord).

Troschke (E. de), à Halberstadt (Prusse).

Türck (de), conseiller des écoles; à Potsdam.

Uechtritz (M. F. L. d'), à Breslau.

Ullersberger, médecin du prince de Leuchtenberg; à Lisbonne.

Ullrich, employé des finances, à Linz (Autriche), précédemment, à Trieste; entomologiste modeste et instruit; possède une belle collection; s'occupe principalement des petites espèces de coléoptères.

Underwood, médecin; s'est occupé des arachnides; à Londres.

Vallot (J. R.), docteur-médecin, à Dijon; s'est occupé d'un ouvrage intitulé: *Insectorum incunabula,* etc.

Vandouer (Jul. Franç.); à Nantes, rue Saint-Clément; il s'occupe beaucoup et avec les soins les plus minutieux des mœurs des insectes indigènes; il s'est attaché plus particulièrement aux *Chrysomèles,* aux *Clythres* et aux *Cryptocéphales.* Cet entomologiste distingué, souvent cité par Latreille, serait à même de publier des observations très-intéressantes. Sa modestie l'en a malheureusement empêché jusqu'à ce jour.

Varvas (de), lieutenant de vaisseau; possède une collection entomologique qu'il augmente journellement; à Toulon (Var).

Vasselet; voyage au Mexique, avec Mme Ve Sallé et son fils, pour recueillir les insectes au nom d'une société d'actionnaires.

Vattier (Cés. Aug.), capitaine-adjudant-major au 25e de ligne, membre de la Société entomologique de France; s'occupe de coléoptères; à Paris.

Vaudin, pharmacien, à Laon (Aisne).

Vauthier, peintre d'histoire naturelle, membre de la Société entomologique de France; a fait un voyage au Brésil, et en a rapporté une collection qu'il a cédée à M. Dupont; à Paris, rue du Regard, n° 14.

Verdat, docteur-médecin, membre de la Société helvétique des sciences naturelles; a publié, dans le *Naturw. Anzeiger* de Meisner, un mémoire sur des métamorphoses d'insectes; à Délémont (canton de Berne).

Verneuil (de), garde général des forêts, à Grenoble; s'occupe de coléoptères et de lépidoptères.

Verreaux, marchand-naturaliste, à Paris; possède des insectes exotiques. Ses fils, Jules, Alexis et Édouard, voyagent en ce moment dans le sud de l'Afrique, d'où ils font des envois de divers objets d'histoire naturelle à leur père.

VEST (Max.), à Grætz (Autriche).

VEUTSCH (Henri); à Haparanda, en Lapponie.

VIALA, pharmacien, à Castelnaudary (Aude); s'est occupé de coléoptères, mais paraît y avoir renoncé.

VIARD (Aug. L. R.), négociant, membre de la Société entomologique de France; s'occupe de tous les ordres des insectes, et possède surtout une belle collection de lépidoptères du pays; à Paris, quai de la Mégisserie, n° 42.

VIGELIUS, secrétaire des domaines, à Wiesbaden (duché de Nassau); collecte des lépidoptères, et s'occupe principalement des petites espèces.

VIGORS, zoologiste anglais, à Chelsea, près de Londres. J'ai vu chez lui un joli cabinet d'histoire naturelle, et notamment de beaux insectes; a publié des travaux dans le *Zoological Journal,* année 1825.

VILLA (les frères Antoine et Jean-Baptiste), entomologistes; à Milan, chez MM. Carmagnola Maggi Warscheck et comp.

VILLA (Antonio), à Milan, *contenda della Salla,* n° 5558.

VILANOVA, professeur de zoologie au Muséum royal d'histoire naturelle de Madrid, directeur et conservateur de la partie zoologique du cabinet royal; il possède une jolie collection d'insectes indigènes et exotiques; à Madrid.

VILARMOY (Martial-Arthur de); à Rennes.

VILLIERS (François de), capitaine d'infanterie, membre de la Société linnéenne et de la Société entomologique de France, directeur du cabinet d'histoire naturelle de la ville de Chartres; possède des collections considérables de tous les ordres des insectes, classées méthodiquement; il est auteur de plusieurs mémoires insérés dans les *Annales de la Société entomologique de France* et les *Mémoires de la Société linnéenne de Paris;* à Chartres (Eure-et-Loir), rue Percheronne, n° 6.

VILLIERS (Adrien de), frère du précédent, membre de la

Société linnéenne de Paris; possède une collection très-nombreuse d'insectes de tous les ordres, et qui est visitée par tous les naturalistes qui vont dans le midi de la France; à Montpellier (Hérault).

Voegel, à Leipsig; s'occupe de coléoptères et de lépidoptères.

Voetly, employé des postes, à Bude (Hongrie); s'occupe de lépidoptères.

Vogt, fabricant de tabac, à Manheim (grand-duché de Bade); s'occupe de toutes les parties de la zoologie, dont il possède un très-beau cabinet.

Vollmar (Charles), instituteur au Gymnase de Fulde; zoologiste instruit, possédant une belle collection d'insectes.

Wagner (Charles), instituteur; collecte des lépidoptères et en fait le commerce; à Mayence, *Gaugasse*, n° 297.

Wailes (G.), à Newcastle (Angleterre); a publié plusieurs travaux dans l'*Entomological Magazine*.

Walkenaër (le baron Charl. Athan. de), membre de l'Institut, président, pour 1835, de la Société entomologique de France, etc. (1); a depuis long-temps immortalisé son nom par ses travaux sur les arachnides; à Paris, rue du Faubourg-Poissonnière, n° 87.

Walker (Francis), membre de la Société linnéenne de Londres et de la Société entomologique de France; à Londres; auteur d'une *Monographia Chalcidum*, insérée dans l'*Entomological Magazine*.

Walker (Patrick), d'Édimbourg, membre de la Société entomologique de Londres.

Wallner, marchand d'insectes, à Genève; possède principalement des lépidoptères de Suisse.

Waltl, docteur-médecin, professeur de chimie, à Passau (Bavière); a fait des voyages entomologiques en Espagne, dans le midi de la France, etc.; est un excellent chasseur;

(1) A succédé dans ces fonctions à M. Audouin qui les remplissait en 1834.

il vend des insectes. Le catalogue de ses lépidoptères a paru dans la *Revue entomologique* (t. II, p. 132), ainsi qu'un *Mémoire sur la manière de se procurer des insectes exotiques* (t. II, p. 253). Sa collection se compose de 18,000 coléoptères, 3000 diptères et 800 hyménoptères.

WATERHOUSE (G. R.), jeune entomologiste plein de zèle et d'espérance; archiviste de la Société entomologique de Londres, auteur d'une *Monographia Notiophilon Angliæ*, insérée dans l'*Entomological Magazine;* a de plus publié un grand nombre d'espèces microscopiques d'Angleterre; enfin, il a dessiné les planches de l'ouvrage de M. Stephens.

WEBSTER-LEVIS (Évan), entomologiste, à Chelsea, près de Londres.

WEIDENHOFFER, collecteur; à Prague.

WEIDMANN, à Vienne.

WERNER, à Munich; s'occupe de coléoptères et de lépidoptères.

WESMAEL, à Cologne.

WESTERHAUSER (Joseph), instituteur, à Munich; excellent connaisseur et chasseur. Il a fait la *Faune de Coléoptères de Munich* avec M. Gistl; il possède dans sa collection tous les insectes mentionnés dans cet ouvrage; a publié plusieurs mémoires dans le *Faunus*, dont deux sont traduits dans la *Revue entomologique* (t. II, p. 236 et t. III, p. 109).

WESTERMANN (B. A.), négociant, à Copenhague; a fait un voyage aux Indes orientales et au cap de Bonne-Espérance, d'où il a rapporté des insectes précieux. Voir sa lettre à M. Wiedemann, insérée dans la *Revue entomologique* (t. Ier, p. 103).

WESTWOOD (J. O.), membre des Sociétés linnéenne et entomologique de Londres, de la Société entomologique de France, etc., etc. Cet entomologiste distingué a publié, dans les *Transactions of the Linnean Society*, de bons mémoires sur les insectes, entre autres une *Monographie du genre Paussus*, et des descriptions de *Lucanides* nouveaux dans les *Annales des sciences naturelles*, février 1834, p. 112; en dernier lieu, il a fait un *Mémoire sur des genres de la famille des Hémiptères Hétéroptères*, qui paraîtra sous peu dans les *Annales de la Société entomologique de France*. Il possède une curieuse collection de coléoptères microscopiques.

Wicard, marchand-naturaliste, à Tournay, en Belgique.

Wider (F.), pasteur, à Beerfelden, dans l'Odenwald (grand-duché de Hesse); collecte des coléoptères et des arachnides; il a donné une belle collection de ces derniers à la Société d'histoire naturelle de Schenkenberg, à Francfort. Un grand nombre d'espèces nouvelles qu'il a découvertes sont décrites dans l'ouvrage intitulé: *Museum Senkenbergianum*, t. Ier.

Wiedemann (C. R. W.), professeur de médecine et conseiller d'État, à Kiel; un des premiers zoologistes et anatomistes de l'époque; possède une belle collection de coléoptères et de diptères; il a publié un grand nombre d'insectes dans le *Magasin entomologique* de M. Germar.

Wiest, voyageur de la Société des voyages d'histoire naturelle d'Esslingen; est en ce moment en Égypte, avec M. Guillaume Schimper, d'où il ira en Arabie; il collecte des insectes et d'autres objets d'histoire naturelle.

Wilkeas (J. F.), à New-Yorck, dans les États-Unis; possède une collection de coléoptères.

Wilkens, à Hambourg; possède une riche collection d'insectes.

Wilkin, entomologiste anglais, cité par MM. Kirby, Leach, etc.; à Norwich.

Wilson (James), à Édimbourg (Écosse).

Wimmer (le baron), possède une riche collection de lépidoptères d'Europe; à Bude, en Hongrie, quai Christine, maison Katmarsisch.

Winthem (G. de), négociant, à Hambourg; possède des collections de coléoptères et de diptères de tous pays; cette dernière est une des plus riches qui existent. Il se propose de publier un ouvrage sur cet ordre.

Wondrazki, docteur, à Prague.

Wredow, capitaine, à Naples; collecteur actif; il réside aussi souvent à Chur.

Xatart, pharmacien et entomologiste; à Pratz de Mollo (Pyrénées-Orientales).

Yanez, professeur d'histoire naturelle au collége royal de pharmacie de Barcelonne, directeur de la section de zoologie de l'Académie royale des sciences naturelles et des arts de la même ville, membre de plusieurs sociétés savantes; ce savant professeur a publié des *Élémens d'histoire naturelle à l'usage des élèves en pharmacie*; il a en outre écrit plusieurs mémoires intéressans sur divers objets d'histoire naturelle. On lui a envoyé de la Nouvelle-Orléans une jolie collection d'insectes, et une collection de coquilles, riche en espèces inédites du genre *Unio*.

Yvan (Melchior), membre de la Société entomologique de France; s'occupe de lépidoptères; à Digne (Basses-Alpes).

Zanella (B.), de Milan, actuellement à Gênes; possède une collection de coléoptères.

Zawadski (Alexandre), professeur, à Lemberg, en Galicie.

Zenneck, professeur, à l'Institut agricole de Hohenheim (Wurtemberg); ne s'est occupé qu'accessoirement de l'entomologie; il possède toutefois une petite collection de tous les ordres.

Zetterstedt (J. W.), professeur de zoologie, membre de la Société entomologique de France; a fait un voyage en Lapponie, et a publié des *Observations sur les Coléoptères et les Névroptères*, et en dernier lieu un ouvrage intitulé: *Orthoptera suecica*; à Lund (Suède).

Zeyher, voyage dans l'Afrique du sud pour y recueillir des insectes; a collecté avec M. Ecklon.

Zeyssolff (Victor), s'occupe d'entomologie, et possède de beaux insectes que son frère lui a envoyés de Hongrie; à Strasbourg.

Ziegler (Fr.), entomologiste très-connu; sa collection d'hyménoptères est, dit-on, unique; à Vienne.

ZIEGLER (Antoine), lieutenant d'infanterie, à Ratisbonne; collecteur actif; s'occupe principalement de lépidoptères.

ZILL (Chrétien), élève en médecine; s'occupe d'entomologie; à Strasbourg, rue du Bateau, n° 7.

ZIMMERMANN; a publié des mémoires sur les *Zabrus*, les *Amara* et les *Masoreus;* ces deux derniers travaux ont paru dans le *Faunus* de M. Gistl, et sont traduits dans la *Revue entomologique* (t. II, p. 190 et 233). Cet entomologiste distingué voyage en ce moment dans l'Amérique du nord. Ceux qui désireraient des insectes de ce pays peuvent se faire inscrire chez M. Sommer, négociant, à Altona; ils en recevront cent pour un louis.

ZINCKEN, dit *Sommer,* docteur et conseiller de la cour, à Brunswick; a publié des mémoires intéressans dans le *Magasin* de M. Germar.

ZOUBKOW (Basile de), conseiller de justice, à Moskou; possède une collection de coléoptères, parfaitement soignée et classée; on y remarque de fort belles espèces rapportées de Turkménie, par M. Kareline.

ZSCHORN, instituteur, à Halle.

ZWICK, membre de la société des naturalistes de Moscou; à Sarepta.

NOTES

SUR LES

COLLECTIONS ENTOMOLOGIQUES

DES PRINCIPAUX

MUSÉES D'HISTOIRE NATURELLE.

BALE (*Suisse*).

Le Musée de cette ville possède la collection de coléoptères de feu le célèbre Clairville.

BERLIN.

C'est dans cette résidence que se trouve le Muséum d'histoire naturelle le plus riche de l'Europe; les ressources pécuniaires dont il peut disposer et les hommes distingués auxquels en est confiée la direction expliquent cette supériorité. Des volumes suffiraient à peine pour exposer avec détail ses richesses entomologiques qui ont encore été augmentées par de nombreuses collections d'Asie, d'Afrique et d'Amérique, et notamment par celles du Brésil de M. Virmond, et de Madagascar de M. Goudot.

Les *Annales* que publie en ce moment M. Klug, directeur de la partie entomologique du Musée de Berlin, feront connaître successivement les espèces nouvelles qui se trouvent dans ces belles collections. Une particularité, que nous ne saurions toutefois passer sous silence, c'est que tous les ordres d'insectes sont à peu près également réprésentés dans ce Musée; qu'aucune partie de l'entomologie n'y est sacrifiée, et qu'ainsi c'est peut-être le seul établissement de ce genre qui offre autant d'attrait à l'étude générale de l'entomologie.

BERNE (*Suisse*).

La collection publique d'objet d'histoire naturelle qui existe à Berne n'appartient qu'en partie à la ville; l'autre partie est la propriété de quelques familles patriciennes. Les autorités du canton ont dès-lors ordonné qu'un Muséum cantonnal serait établi, et elles ont chargé de sa formation M. le professeur Perty, qui déjà a fait dans ce but de nombreuses acquisitions, entre autres celle d'une belle suite de coléoptères exotiques et de lépidoptères.

BONN (*Prusse rhénane*).

Le Muséum d'histoire naturelle de l'Université de Bonn se trouve au château de Poppelsdorf, situé à huit minutes de la ville. Il est divisé en neuf salles. La collection zoologiqne se compose de 41,000 individus; la collection de pétrifications, l'une des plus complètes et des mieux classées de l'Allemagne, est formée par environ 23,000 pièces; la collection minéralogique est composée de 24,000 pièces; l'herbier, est de peu d'importance. Cet établissement est dirigé par M. le professeur Goldfuss, et M. le professeur Nœgerrath, membre du Conseil supérieur des mines.

La partie entomologique se compose de trois collections : 1° Une collection ne contenant qu'une ou deux espèces des principaux genres, renfermée dans de petits cadres sous verre, et destinée à circuler aux cours. 2° Une collection d'insectes indigènes et exotiques, contenant 8500 individus, classés et renfermés dans de grands cadres sous verre. 3° Une collection d'insectes d'Europe formée par M. Nees d'Esenbeck, et contenant 25,000 individus. Un catalogue de 10 volumes in-4° est joint à cette collection; ce catalogue contient le résultat de vingt années d'observations et les découvertes faites par M. Nees d'Esenbeck; on y trouve les descriptions d'une foule d'espèces nouvelles et presque sur chaque page des observations sur les systèmes. Les *Ichneumonides*, décrits par M. Nees d'Esenbeck dans l'ouvrage qu'il a publié récemment, se trouvent tous dans la collection.

La seconde collection est ouverte à chaque heure de la journée aux étudians et au public; la dernière est réservée aux études particulières: une permission du directeur est nécessaire pour en avoir la jouissance.

BORDEAUX (*Gironde*).

Le cabinet d'histoire naturelle de Bordeaux est très-peu riche en entomologie, c'est tout au plus s'il y a 2000 insectes, dont très-peu d'exotiques. Les lépidoptères sont presque tous du département de la Gironde.

CARLSROUHE (*grand-duché de Bade*).

Le cabinet grand-ducal d'histoire naturelle présente beaucoup de parties intéressantes : il est surtout riche en coquillages et en prétrifications des carrières d'OEningen.

En entomologie il possède: 1° Une collection intéressante d'insectes du Mexique dont M. Sommerschuh, directeur des mines, à Oachaca, au Mexique, a fait don à cet établissement. On y remarque entre autres une très-curieuse *Pœciloptera*, un *Prionus* qui est très-probablement le *Callipogon senex*, Dupont. 2° Une belle collection de coléoptères et de lépidoptères recueillie au Brésil, par M. Ackermann.

3° Une collection unique dans son genre d'insectes fossiles des mollasses des carrières d'OEningen.

CHALONS-SUR-MARNE.

Le Muséum de la Marne, confié à la Société académique, se compose d'une assez belle suite de minéraux (la géologie y est moins riche); d'environ un millier d'espèces de coquilles, et d'un herbier de six mille plantes, dont deux mille appartiennent au département de la Marne. L'herbier et la collection entomologique ont été formés par M. le docteur Mahieu, conservateur du Muséum. Cette dernière se compose d'environ deux mille espèces de coléoptères les plus connus, de lépidoptères, de diptères et d'hyménoptères, toutes bien nommées, sauf la famille des *Tenthrédines* et des *Ichneumonides*. M. Mahieu a principalement collecté dans l'ouest de la France, près de Bordeaux.

COPENHAGUE.

La collection d'insectes du Musée de cette ville se compose des diverses collections de Lund, Schested, Schousboe, Hesse, Krieger et Mayer, toutes déterminées par Fabricius; elle est parfaitement conservée et très-nombreuse.

Celle de la *Société linnéenne* est moins grande; elle est aussi classée d'après Fabricius.

ERLANGEN (*Bavière*).

Le Muséum de cette ville est principalement riche en fossiles trouvés dans les cavernes de Mackendorf et de Streitberg, près de Bayreuth. On y voit aussi la grande collection d'*Algues*, qui a servi à l'ouvrage d'Esper. La partie zoologique est moins importante, excepté, toutefois, l'entomologie qui se distingue par la collection originale d'Esper.

FRANCFORT-SUR-MEIN.

La Société d'histoire naturelle de Senkenberg, à Francfort, possède un riche cabinet d'histoire naturelle, où se trouve une belle collection d'insectes. Les insectes d'Afrique proviennent en grande partie de M. Ruppel; ceux du Brésil de feu Freyreiss, et les lépidoptères d'Europe de feu le conseiller Cordier. La collection de crustacés est aussi remarquable, surtout par les espèces de la mer Rouge, recueillies par M. Rüppel. M. le sénateur de Heyden destine à cet établissement, dont il est directeur, sa belle collection d'insectes.

GENÈVE (*Suisse*).

Le Muséum de cette ville se compose en majeure partie d'objets exotiques. Les collections entomologiques y sont assez belles.

HOHENHEIM (*Wurtemberg*).

L'Institut agricole de Hohenheim possède un cabinet d'histoire naturelle surtout riche en pétrifications. Il s'y trouve aussi une collection d'insectes de Wurtemberg qui provient en grande partie d'un don de M. le pasteur Kunkel.

KIEL (*Holstein*).

Dans cette ville existe encore la célèbre collection de Fabricius, à laquelle rien n'a été changé depuis son décès; elle est du reste dans des boîtes dont le papier est très-enfumé, et l'odeur qu'on y a mis pour la conserver est si forte, qu'elle ne permet pas de l'étudier long-temps.

LAUSANNE (*Suisse*).

Le Muséum d'histoire naturelle de cette ville en est encore

à sa naissance. M. Chavannes en est directeur, et M. Bugnon secrétaire. Ce dernier lui destine, assure-t-on, sa collection de coléoptères.

LEYDE (*Hollande*).

Le cabinet de cette ville, dirigé par M. de Haan, est très-riche en mammifères, en oiseaux, en coquilles; la collection d'insectes est magnifique, et est surtout augmentée depuis quelques années.

LILLE (*Nord*).

Le Musée d'histoire naturelle de cette ville a été fondé, il y a quinze ans, par l'administration municipale, et par les soins de la Société royale des sciences, de l'agriculture et des arts, qui délègue une commission permanente pour la direction de cet établissement. Les diverses collections sont en très-bon ordre, sous le rapport de la préparation, de la conservation et de la classification. Plusieurs d'entre elles ont atteint un degré d'importance remarquable. Sous le rapport entomologique on y fait des efforts pour se tenir à la hauteur progressive de la science. Parmi les espèces exotiques, celles de Java y sont nombreuses. Cette dernière partie est principalement confiée aux soins de M. Macquart, le célèbre diptérologiste.

LONDRES.

Le *Musée royal* ne mérite guère ce nom; les collections en sont peu nombreuses, et surtout celle d'insectes très-médiocre.

La *Société linnéenne* possède les collections de Linné et de Banks. Celle de Linné n'offre malheureusement plus des renseignemens bien certains, attendu qu'il y a quelquefois deux ou trois espèces, ou même des genres différens sous la même étiquette. La collection de Banks renferme des insectes exotiques très-intéressans; la plupart en sont parfaitement conservés, et partout, sur l'étiquette, est cité l'ouvrage dans lequel l'insecte est décrit.

La *Compagnie des Indes* a la collection formée par M. Horsfield, contenant des coléoptères javanais en petit nombre, mais parmi lesquels il y a quelques espèces remarquables. Les lépidoptères de Java y sont plus nombreux et très-bien conservés.

LYON (*Rhône*).

La collection publique est, m'a-t-on écrit, de peu d'importance en entomologie.

MADRID.

Le Cabinet royal possède, outre une suite d'objets de zoologie en général, une jolie collection d'insectes indigènes et exotiques confiée à la direction de M. le professeur Vilanova.

MARSEILLE (*Bouches-du-Rhône*).

Cette ville possède un fort beau cabinet d'histoire naturelle, dirigé par M. Barthélemy, qui lui a fait don de sa riche collection de coléoptères, qu'il augmente continuellement encore.

MOSCOU.

Dans le Muséum impérial de l'Université se trouve la collection de M. Stéven, que cet entomologiste lui a donnée. On y remarque des espèces uniques, quoique l'ensemble de la collection, qui s'élève à environ 5000 espèces, soit assez mal conservé. La paléontolgie possède des pièces fossiles tout-à-fait inconnues; tels sont: le *Trogantherium*, semblable au castor, mais d'une taille bien plus grande; l'*Elasmoterium*, de la grandeur de l'éléphant; le *Lophiodon*, découvert en Sibérie; et enfin le *Mericotherium*, de la taille de la giraffe, que Bojonus a décrit. Le cabinet de M. Nicolas Becktemichoff, estimé à cent mille francs, est destiné, par testament, après la mort de ce naturaliste, à enrichir encore le Musée impérial, dont le noyau fut formé, après l'incendie de Moscou, par ce qui put échapper aux flammes, de la riche collection de feu Nicolas Nikitisch Demidow.

MUNICH (*Bavière*).

Le Muséum de Munich possède 2700 espèces d'insectes de l'Amérique du sud, parmi lesquels sont 50 orthoptères, 120 hyménoptères, 120 lépidoptères, 250 hémiptères et 100 diptères. M. le conseiller Melzer lui a, de plus, légué sa belle collection de lépidoptères.

École polytechnique. — L'École polytechnique de cette ville a acheté récemment la collection d'insectes de M. Fesel.

NANTES (*Loire-Inférieure*).

Le Musée d'histoire naturelle de cette ville possède une riche collection minéralogique, à laquelle on a jusqu'à présent sacrifié les autres parties de l'histoire naturelle. Pour l'entomologie tout est encore à faire.

NEUFCHATEL (*Suisse*).

On établit dans cette ville, sous les auspices de M. Coulon, un cabinet d'histoire naturelle, dans lequel on remarque déjà une belle collection de lépidoptères de la Suisse.

ORLÉANS (*Loiret*).

C'est en 1827 que fut fondé le cabinet d'histoire naturelle d'Orléans; il doit son origine, soit à des dons individuels, soit à des offrandes fournies au moyen de souscriptions générales. La collection minéralogique est assez étendue; celle des fossiles est aussi très-remarquable; les échantillons qui la composent viennent principalement des gisemens d'Avaray et de Chevilly et de ceux de Barres et des Aydes; ces deux derniers ont été découverts, il y a une dixaine d'années, par M. Thion, directeur du Muséum d'Orléans. La conchyologie se compose d'une assez jolie suite d'échantillons provenant du cabinet de M. Ætté, et que M. le comte de Tristan a classés d'après un système qui lui est propre.

L'innombrable classe des insectes n'est encore représentée que dans une vingtaine de cadres vitrés, n'offrant encore, à vrai dire, que les élémens d'une collection; mais M. Thion s'occupe avec zèle de la compléter. Le reste de la partie zoologique sera placé dans une vaste salle dont la construction doit être achevée dans le courant de l'été prochain.

PARIS.

Je ne crois pouvoir donner une meilleure idée de l'état actuel de ce Muséum, qu'en reproduisant, dans son entier, la lettre que m'a écrite M. Audouin, professeur d'entomologie au Jardin-des-Plantes, auquel j'avais demandé des détails sur cet étabissement. Voici sa lettre :

« Mon cher confrère,

« Comme j'ai eu l'honneur de vous l'écrire, il me faudrait quelques semaines pour répondre convenablement à la demande que vous nous faites; car il serait nécessaire, pour qu'elle fût satisfaisante, que j'aie eu le temps de compulser les procès-verbaux des séances hebdomadaires que tient l'administration du Muséum, afin de faire un relevé des différens dons qu'on a reçus et des acquisitions nombreuses qui s'y trouvent consignées; mais, puisque vous réclamez de mon amitié que je mette immédiatement la main à la plume, je m'y résigne, tout en regrettant que vous ne m'ayez pas accordé le répit que je vous demandais.

« Nos collections, comme vous le savez, sont nombreuses; elles contiennent beaucoup d'*annélides*, de *crustacés*, d'*arachnides*, d'*insectes* de tous les ordres. Malheureusement tous ces objets sont loin d'être classés, et pendant long-temps ces richesses sont venues s'accumuler, chez nous, sans qu'on ait pu s'occuper successivement de leur rangement. Cet état des choses est dû à diverses circonstances, dont la principale est, sans contredit, le peu de place que l'on a cru devoir accorder à l'entomologie dans l'enseignement des hautes sciences. En effet, ce n'est qu'en 1830, peu de temps après la mort de M. Lamarck, que la chaire d'entomologie a été créée, et qu'on y a appelé M. Latreille. Ce n'est aussi qu'à cette époque que j'ai pu m'occuper du classement des collections, qui jusque-là avait été complètement négligé. Ayant devant moi un arriéré de plus de trente ans, j'ai dû songer d'abord à distinguer et séparer entre eux les classes, les ordres et les principales familles. Les crustacés, les arachnides, les insectes ont été divisés, et les grands genres ont été groupés. Mais ce n'est qu'en 1833, lorsque je fus appelé à la chaire d'entomologie, que la mort de notre grand maître laissait vacante, que j'ai pu donner un libre essor au plan que j'avais conçu, et dont j'avais déjà commencé la mise en exécution. Ce plan consistait à distribuer les animaux articulés en trois collections : 1° Une *collection générique*, ne renfermant que la série des principaux genres et des principales espèces bien dénommées; cette collection est placée dans des cadres vitrés et exposée journellement aux yeux des étudians. En tête du genre est placé une petite planche, offrant les figures des principaux caractères entomologiques, de manière que l'élève, en examinant l'insecte, puisse se rendre compte de la forme et des particularités les plus remarquables des organes sur lesquelles est basé l'établissement du genre. La presque totalité des crustacés et des arachnides est classée suivant ce système, et les insectes sont en bon train.

« 2° *Une collection spécifique*, placée dans des meubles à tiroirs, et qui comprend, pour les insectes, tous les genres, toutes les espèces, toutes les variétés de forme, de couleur ou de localités connues. C'est là notre grande collection qui contient les espèces exotiques, comme les indigènes, rangées méthodiquement d'après l'ouvrage que M. Brullé et moi publions. Déjà cette collection se compose de soixante-six meubles, contenant chacun huit tiroirs. On va confectionner vingt quatre nouveaux meubles, et chaque année, j'espère, on en ajoutera au moins autant. Ce ne sera certainement pas trop; car nous avons calculé que tous les insectes qui sont provisoirement placés dans des boîtes en carton, et que nous devons distribuer dans ces meubles, en exigeraient au moins cinquante. Je ne fais pas entrer dans ce calcul les nouvelles richesses qui nous arriveront, soit par envois de nos voyageurs, soit par dons de la part de généreux amis de la science, soit par acquisitions.

« 3° Enfin, *une collection d'insectes de France*, dont l'arrangement est commencé pour les insectes coléoptères, et qui, contenue dans des boîtes de cartons à dos de livre, restera dans notre laboratoire à la disposition des personnes qui voudront déterminer les espèces recueillies aux environs de Paris ou sur un point quelconque du royaume.

« Depuis que les entomologistes ont été témoins de l'ordre introduit dans les collections que j'ai sous ma direction, et qu'ils ont eu la certitude que tous les moyens étaient employés pour leur conservation, et surtout qu'on s'occupait activement de leur classement, ils se sont empressés de répondre à l'appel que je leur ai fait de venir déposer dans la collection nationale les espèces dont ils pouvaient disposer. Plusieurs, je dois le dire, ont été assez généreux pour se dessaisir d'insectes uniques et nouveaux, afin que le type des genres ou des espèces qu'ils avaient établis pût être au besoin consulté par toutes les personnes que cela intéresserait. J'ai eu plus d'une preuve de cet élan généreux dans un voyage que j'ai fait, en 1833, dans le midi de la France, et je me plais à vous signaler, comme dignes de la reconnaissance des administrateurs du Muséum d'histoire naturelle de Paris, MM. Laporte, Roger, Perroud, d'Argelas, à Bordeaux; Léon Dufour, à Saint-Sever; Lubat, à Mont-Marsan;

Darracq, à Bayonne; Boisgiraud, à Toulouse; Farines, Alleron, Compagnio, Levesque, à Perpignan; Daube, Chabrier, Salzmann, à Montpellier; Solier, Barthélemy, à Marseille; Boyer, pharmacien et Boyer de Fonscolombe, à Aix; Banon, Eymon d'Esclevin, Varvas, Mittre, à Toulon; Foudras, Fontenay, Peroud, à Lyon; Baridon, à Beaucaire. Tous ces Messieurs, dont plusieurs vous sont connus, m'ont ouvert généreusement leurs collections, ce qui m'a permis de réaliser le désir que j'avais de réunir au Muséum de Paris une collection d'insectes de France. Sans doute elle est encore loin d'être complète; mais je ne doute pas d'atteindre bientôt le but, si les naturalistes du Nord se piquent de rivaliser avec ceux du Midi, et s'ils suivent le bon exemple que vous venez vous-même de leur donner, en nous envoyant une belle suite de carabiques, dont un grand nombre prendront place dans cette collection vraiment nationale.

« Votre dernier envoi, comme tous les dons qui m'ont été faits, à moi personnellement, ont été dûment enregistrés; car je dois vous dire, que ni moi, ni M. Brullé, mon aide-naturaliste, ni aucune des personnes attachées à la chaire d'entomologie, ne font de collection; et je n'ai pas eu besoin d'exiger d'elles ces sacrifices; elles ont été les premières à sentir que la possession d'une propriété de ce genre, quelle que soit leur probité bien connue et certainement hors de toute atteinte, n'était pas sans de graves inconvéniens. Aussi, la collection publique s'enrichit-elle des objets que leurs relations leur procurent, et, certes, vous conviendrez que c'est déjà là un résultat fort satisfaisant. Ajoutez que tout leur temps est consacré au rangement de la collection publique, sans qu'ils en soient distraits par aucun autre soin plus pressant.

« Je viens de vous parler de catalogues. Il est bon que vous sachiez dans quel système ils sont faits : Des feuilles, ayant des titres imprimés, sont destinées à recevoir la désignation aussi complète que possible des objets qui nous sont envoyés. A la fin de chaque année on les relie, et réunies ainsi, elles constituent véritablement un inventaire bien authentique. Ces catalogues sont divisés en cinq colonnes, destinées à autant d'objets distincts, et dont vous comprendrez bien l'importance, en jetant les yeux sur la transcription que j'en fais ici. (Voir le tableau ci-après.)

« Vous le voyez, mon cher confrère, j'ai monté les choses sur un bon pied, et qui exige un travail assidu pour que le rouage marche régulièrement. Je n'aurais pu y parvenir sans l'activité des personnes que j'ai auprès de moi et qui me secondent avec un rare dévoûment. Ces personnes ne sont cependant qu'au nombre de trois. En première ligne, se place naturellement M. Brullé, mon aide-naturaliste. Tous les jours je me félicite du choix que j'ai fait et que me commandait à cette époque l'opinion générale ; car, lors de ma nomination, je n'avais eu aucune relation avec ce jeune savant. Aujourd'hui, et depuis un an que nous sommes ensemble, j'ai appris à connaître non-seulement ses excellentes qualités personnelles, mais j'ai été à même d'apprécier son mérite et son savoir-faire. L'étude suivie qu'il fait des espèces, le tact qu'il a déjà acquis pour les reconnaître et les distinguer, sont un sûr garant de la certitude des déterminations que successivement nous plaçons sous nos individus. Bientôt, je l'espère, la collection du Muséum répondra à sa véritable destination ; elle représentera l'état actuel de la science, et à cause de cela, pourra être étudiée avec grand avantage par les personnes qui se livrent à des travaux descriptifs. Déjà, et depuis longues années, elle a été consultée avec fruit par les entomologistes qui ont publié divers écrits, bien qu'on puisse reprocher à tel d'entre eux d'avoir à dessein affecté de ne pas faire mention du secours qu'il a reçu ; mais il y a des gens pour lesquels la reconnaissance est un fardeau, même lorsqu'il s'agit d'une institution nationale dont ils devraient être jaloux de constater l'utilité.

La seconde personne, dont le temps est exclusivement donné à la collection d'entomologie, est M. Lucas, fils d'un employé estimable qui a vieilli dans notre établissement, et

NUMÉROS placés sous chaque individu.	ORIGINE, DONATEUR, noms, numéros, ou signes du catalogue d'envoi.	DÉTERMINATION DES ESPÈCES.	INDICATIONS géographiques ou géognostiques, renseignemens sur les mœurs, etc., etc.	NOMBRE DES INDIVIDUS, placement et mouvement.
Nota La paillette piquée à l'épingle sous l'insecte porte le chiffre de l'année et du numéro d'ordre.	Ici sont placés le nom de la personne qui envoie, ou bien toute autre origine : acquisition, échange, etc ; on y conserve aussi le numéro du catalogue de la personne qui a envoyé. Ce qui peut être utile de consulter.	Au moins la détermination générique. Comme ce catalogue se dresse le jour même de l'envoi, afin qu'il soit présenté sans retard au conseil des professeurs-administrateurs, on conçoit qu'on ne peut toujours arriver à une détermination spécifique.	La localité est ici indiquée fort en détail et plus complètement qu'on ne peut le faire sur une étiquette On relate aussi dans cette colonne tous les renseignemens fournis par les collecteurs.	Cette colonne est fort importante, non-seulement parce qu'elle précise le nombre des individus, mais parce qu'elle en indique l'emploi. En la consultant, on sait si l'espèce a été placée dans la collection générale ou dans celle de France Le *mouvement* fait savoir l'emploi des individus qui ne se trouvent plus dans la collection des doubles, et qui ont pu servir à des échanges.

qui y est mort depuis huit ans. M. Lucas s'occupe plus spécialement du matériel de la collection, ce qui ne l'empêche pas, dans ses momens de loisir, de travailler à la classification. J'ai mis entre ses mains l'arrangement de nos lépidoptères, et j'ai grande confiance dans son zèle et la bonne volonté dont il a toujours fait preuve. J'ajouterai que l'ayant eu fort jeune sous ma direction, à l'époque où je débutais au Muséum comme aide-naturaliste, il a pour moi un attachement réel, et qu'il a personnellement à cœur de me seconder dans l'exécution du plan que je poursuis. Enfin, j'ai obtenu de l'administration du Muséum, l'an dernier, un jeune employé, M. Blanchard, qui montre pour l'entomologie d'heureuses dispositions, et qui, dans quelques années, pourra nous être fort utile pour le rangement scientifique.

« La collection a grandement besoin d'aides ; car, comme je vous l'ai dit, j'ai trouvé ici un arriéré de trente années qu'il a fallu mettre à jour, et qui consistait en un grand nombre d'envois plus ou moins anciens qu'on a dû d'abord débrouiller, et pour lesquels il n'existait aucun catalogue. Les principaux sont :

« 1° Ceux de Delalande, consistant en objets du Brésil et du cap de Bonne Espérance ;

« 2° De M. Auguste Saint-Hilaire, composés d'insectes des provinces des mines de Campos-Geræs et Monte-Video ;

« 3° De M. Péron et autres, provenant du voyage autour du monde, et particulièrement de la Nouvelle-Hollande ;

« 4° Les récoltes de MM. Milbert et Lesueur dans l'Amérique du nord ;

« 5° Quelques objets rapportés de Saint-Domingue par Hogard ;

« 6° Un plus grand nombre des Antilles et de Ténériffe, par Maugé ;

« 7° Plusieurs, recueillis par Riche, à Madagascar ;

« 8° Les belles collections faites dans l'Inde par MM. Diard et Duvaucel ;

« 9° Beaucoup d'insectes réunis au Bengale, par Massé ;

« 10° Les récoltes de Leschenault et M. Doumerc, à la Guyane;

« 11° Celles offertes par M. Banon à son retour de Cayenne;

« 12° Les importans insectes recueillis en Perse, en Égypte et dans tout l'Orient, par Olivier;

« 13° Les intéressans objets rapportés par feu M. Desfontaines lors de son voyage en Barbarie;

« 14° Enfin, la collection de Bosc dont le Muséum a fait l'acquistion à la mort de ce savant et qui est précieuse parce qu'elle renferme plusieurs insectes déterminés par Fabricius et quelques-uns rares n'existant dans aucune autre collection, tel que le genre *Agias* parmi les diptères.

« C'est en 1826 seulement, époque à laquelle j'ai été nommé aide-naturaliste, que j'ai obtenu qu'on dressât, d'après le système que je vous ai développé, des catalogues à fur et à mesure que des envois seraient faits ou que des collections seraient achetées. Depuis lors le plus grand ordre se fait remarquer dans le mouvement journalier des dons qui nous sont adressés et des échanges que nous stipulons avec les amateurs. Depuis lors aussi les objets nous arrivent en bien plus grande abondance et beaucoup plus fréquemment. Parmi les dons les plus remarquables je vous citerai :

« 1° En 1826, une collection nombreuse de crustacés, en parfait état de conservation, envoyée des Antilles et de l'Amérique du nord, par feu M. Plée, voyageur du Muséum; plusieurs collections d'insectes.

« 2° En 1827, divers insectes et arachnides de la Russie méridionale, par M. Bertoldy.

« 3° En 1828, envois de MM. Lesueur, de Philadelphie; de M. Bellanger, de Pondichéry; de M. Goudot, de Tanger; de MM. Audouin et Milne Edwards (objets recueillis sur les côtes de la Manche).

« 4° En 1829, les importantes collections réunies par MM. Quoi, Gaymard, dans leur expédition avec M. Durville, et qui sont venues compléter celles que ces savans avait généreusement données au Muséum lors de leur précédent voyage avec le capitaine Freycinet. La même année on a reçu celles de M. Reynaud, chirurgien à bord du bâtiment de l'État, *la Chevrette*, et qui, dans la seule classe des crustacés, ne renferme pas moins de 176 espèces.

« 5° En 1830, des envois de crustacés d'Égypte, par M. Rüppel, et d'un grand nombre d'espèces du Bengale et de l'Océan indien, par M. Dussumier; la belle suite d'insectes récoltés en Morée, par M. Brullé.

« 6° En 1831, la collection d'insectes coléoptères et autres réunis dans le Bengale, par les soins de M. Bellanger; celle de M. Eydoux, qui, dans son intéressant voyage, a eu l'occasion de visiter le Sénégal, l'île Gorée, la côte de Coromandel, Pondichéry, les îles de France et de Bourbon.

« 7° En 1832, un nouvel envoi de M. Eydoux et des collections précieuses de M. Gaudichaud, pharmacien de la marine royale, et qui dans un grand nombre de voyages n'a jamais négligé de réunir des insectes de tous les ordres, ainsi que des crustacés et des arachnides.

« 8° En 1833, époque de ma nomination comme professeur-administrateur, divers dons; les principaux sont : Crustacés et insectes du Chili, par M. Gay; insectes de Philadelphie, par le Muséum de cette ville; insectes de Morée, par M. Marloy, chirurgien de la marine royale; insectes de l'Inde, par Jacquemont; insectes de la côte d'Afrique, par M. Gérard, chirurgien militaire; insectes de Suisse, par M. Pictet; insectes de l'île Bourbon, par M. Bréon; insectes du Brésil, par M. Sylveira; de l'île Maurice, par M. Desjardins. De plus, un grand nombre de dons d'insectes des environs de Paris, du midi de la France et du nord de l'Italie, parmi lesquels se distingue celui de M. Lucas, attaché à la chaire d'entomologie, et dont j'ai eu déjà à louer le zèle. Je dois ajouter que, sur ma demande, l'administration a fait diverses acquisitions importantes, entre lesquelles se distingue la collection de crustacés de feu M. Latreille, une belle collection du Brésil, à M. Vauthier; une autre, d'insectes d'Afrique, à M. Bové; une quatrième, d'espèces du Mexique.

« 9° En 1834, le nombre des acquisitions est plus considérable encore; la plus importante est celle des espèces uniques ou rares, récoltées à Madagascar, par M. Goudot. Je ne vous parlerai pas d'un grand nombre d'échanges, et parmi les nombreux envois qui nous ont été faits, je vous citerai celui de M. d'Orbigny, qui s'élève, en insectes, à 3021 espèces et 5118 individus. L'ordre des coléoptères l'emporte sur tous les autres; car nous avons compté parmi eux 2006 espèces et 3480 individus. M. Joanis, officier distingué de la marine royale, nous a fait don de plusieurs insectes récoltés en Égypte. M. Hope, savant entomologiste anglais, nous a généreusement enrichis de quelques espèces de l'Inde, de la Nouvelle-Hollande et d'Angleterre. M. Bernier, chirurgien de la marine royale, nous a adressé, de Madagascar, un très-bel envoi, consistant surtout en coléoptères; il y a 1276 individus. M. Botta, à son arrivée de la Nubie, a mis à notre entière disposition une belle collection d'insectes, peu nombreuse il est vrai, mais précieuse pour la rareté des espèces, dont un grand nombre sont nouvelles. MM. Marloy, Prévost, chef du laboratoire de zoologie au Muséum; Nivois, Ricord, Jourdan, professeur à la faculté des sciences de Lyon; Ravergie, Mittre, Alleron, Léon Dufour, Leclerc, Charles Perroud, Solier, Boyer de Fonscolombe, Barthélemy, directeur du Musée à Marseille; Brullé, mon aide-naturaliste; Compagnio, Émile Blanchard, notre jeune employé, ont enrichi la collection d'un grand nombre de crustacés, d'arachnides et d'insectes indigènes ou exotiques, et qui, pour la plupart, nous manquaient. Enfin, l'année a été close par deux très-beaux envois, l'un du Chili et de la côte du Pérou, par M. Fontaines, maintenant chirurgien en chef du port d'Alger, et l'autre de Manille et de Chine, par M. Godefroy, chirurgien. L'année 1835 s'est ouverte sous de favorables auspices. M. le docteur Casanova, Espagnol, qui avait fait l'acquisition de plusieurs insectes en Chine, les a offerts généreusement au Muséum de Paris. Nous attendons de nombreux envois de nos voyageurs appointés, qui visitent divers points du globe et dont le retour pour plusieurs doit s'effectuer en 1835 ou 1836.

« Paris, 8 janvier 1835.

« V. AUDOUIN. »

PESTH (*Hongrie*).

Le *Muséum national* de Hongrie se divise en quatre parties : 1° La partie minéralogique est assez riche; 2° la partie botanique, composée d'herbiers et de champignons en cire; 3° la partie zoologique renferme les mammifères, les oiseaux, les reptiles, les poissons et des coquilles de Hongrie, et des insectes d'Europe; ces derniers se composent d'environ 4500 espèces de coléoptères et de lépidoptères de la collection d'Ochsenheimer, que le Muséum national acheta pour 3000 fl. de la veuve de ce célèbre lépidoptérologiste; 4° enfin, une collection technologique. Cet établissement est sous la direction de M. le professeur Sadler. L'entomologie est confiée aux soins de M. Friwaldszki.

Outre le Muséum national, la ville de Pesth possède encore un autre établissement de ce genre: c'est le cabinet d'histoire naturelle de la ville, qui se compose d'objets de tous les pays. Les collections d'insectes y sont assez jolies.

PÉTERSBOURG.

La collection du Muséum de cette ville, dirigée par M. Ménétriés, n'est pas encore entièrement en ordre, mais n'en est pas moins très-riche. On y voit de belles espèces de Sibérie, envoyées par M. Gebler, ainsi qu'une quantité d'insectes intéressans récoltés au Caucase par M. Ménétriés.

SOLEURE (*Suisse*).

M. le professeur Hug a été chargé depuis peu de former un Muséum d'histoire naturelle dans cette ville.

STOUTGARD (*Wurtemberg*).

La partie entomologique du cabinet d'histoire naturelle de cette ville n'offre d'intérêt que par les insectes du Cap, qu'il doit à la libéralité de M. le docteur de Ludwig.

STRASBOURG (*Bas-Rhin*).

Le Musée d'histoire naturelle de Strasbourg est très-riche et entretenu avec le plus grand soin. Les diverses parties en sont placées dans sept grandes salles. Les collections géologiques méritent surtout l'attention des savans. Cet établissement est dirigé par M. Duvernoy, doyen de la Faculté des sciences, et administré par un comité de six membres qui remplissent gratuitement leurs fonctions. Ces six administrateurs sont MM. Voltz, ingénieur en chef des mines; Coze, professeur à la Faculté de médecine; Fr. Lauth, docteur-médecin; Fargeaud, professeur à la Faculté des sciences; E. Hecht, professeur à l'École de pharmacie, et G. Silbermann. M. Lereboullet, docteur-médecin, est conservateur du Musée, et M. Schimper y est attaché comme aide-naturaliste.

La partie entomologique est surtout remarquable par la collection de lépidoptères, dans laquelle se trouve celle de feu M. Franck. Elle comprend plus de 6000 espèces, tant indigènes qu'exotiques. Les lépidoptères d'Europe, formant environ les deux tiers de la collection, sont séparés des exotiques. Ce qui distingue les exotiques, c'est leur fraîcheur et leur parfaite conservation.

Les coléoptères ne forment encore qu'une collection de genres; mais ils s'augmentent peu à peu, et les bases d'une collection générale sont déjà tracées.

Il n'y a encore que des élémens de collection pour les autres ordres.

TRÈVES (*Prusse rhénane*).

Le cabinet d'histoire naturelle de cette ville ne se distingue que par sa partie minéralogique. Il y a du reste aussi dans le même local une très-belle collection de médailles.

TUBINGUE (*Wurtemberg*).

Ce que nous avons dit du cabinet d'histoire naturelle de Stoutgard s'applique aussi à celui de l'Université de Tubingue.

VIENNE.

Cette capitale possède deux établissemens consacrés aux collections d'histoire naturelle.

Le premier est le *Muséum impérial*, qui se compose de collections d'objets de tous les pays : celle des reptiles est intéressante. La collection d'insectes comprend tous les ordres et est très-grande; elle est sous la direction de M. Kollar.

Le second, qui occupe un bâtiment séparé du Muséum impérial, s'appelle la *Collection brésilienne,* quoiqu'on y remarque beaucoup d'objets venant d'autres pays que le Brésil. Ainsi, outre le Brésil, l'Égypte y a fourni de nombreuses pièces. Cette collection se distingue principalement par l'ornithologie et par l'entomologie.

WIESBADEN (*duché de Nassau*).

La Société d'histoire naturelle de cette ville possède la collection de Gerning, jadis si célèbre. Ernst, Engramelle, Olivier et d'autres en ont publié beaucoup d'espèces. Il est dommage qu'on ne puisse plus distinguer avec certitude les espèces originales, parce que Gerning n'y a mentionné ni les noms d'auteurs ni la patrie.

SOCIÉTÉS ENTOMOLOGIQUES.

LONDRES.

Société entomologique de Londres. Cette Société a été établie en avril 1834. Elle se compose maintenant de cent quinze membres actifs et douze membres honoraires.

Le prix de l'admission est de 2 livres sterling, 2 schelling (53 fr. 35 c.), celui de la cotisation annuelle, de 1 livre sterling, 1 schelling (26 fr. 65 c.).

Tout étranger qui veut se faire admettre doit être présenté par plusieurs membres; il paie la cotisation annuelle, mais pas de droit d'admission.

Les séances de la Société ont lieu les premiers *lundis* de chaque mois.

La Société publie, par an, quatre volumes de *Mémoires.* (Voir plus loin.)

Le bureau de la Société entomologique de Londres se compose de

MM. J. G. Children, président;
Thomas Bell, vice-président;
F. W. Hope, vice-président et trésorier;
J. F. Stephens, vice-présient et secrétaire;
W. H. Sykes, vice-président;
J. O. Westwood, secrétaire;
W. B. Spence, secrétaire pour l'étranger;
G. R. Waterhouse, curateur.

L'adresse de la Société est: 17 *Old Bond Street,* à Londres.

PARIS.

Société entomologique de France. Cette Société, créée en 1832, se compose déjà de plus de deux cents membres, tant français qu'étrangers. C'est principalement au zèle et aux soins infatigables de M. Alexandre Lefebvre que la science doit cette institution.

Le nombre des membres actifs est illimité, celui des membres honoraires borné à douze, dont deux tiers français et un tiers étranger.

Pour être reçu membre de la Société, il faut être présenté par un membre résidant.

Le prix de la cotisation annuelle est fixé à 24 fr. pour les membres résidans; 26 fr. pour les régnicoles, et 28 fr. pour les étrangers.

Moyennant cette cotisation, on reçoit les *Annales* de la Société, dont il sera parlé plus en détail dans l'article relatif aux recueils périodiques sur l'entomologie. (Voy. p. 103.)

Les séances de la Société ont lieu à Paris, rue d'Anjou-Dauphine, à sept heures du soir, les premier et troisième *mercredis* des mois de *novembre, décembre, janvier, février, mars* et *avril,* et seulement le premier *mercredi* des autres mois.

Le bureau de la Société entomologique de France se compose, pour l'année 1835, de

MM. le baron Walkenaër, rue du Faubourg-Poissonnière, n° 87;
Duponchel, vice-président, rue d'Assas, n° 3 *bis;*
A. Lefebvre, secrétaire, rue de Provence, n° 19;
Lacordaire, secrétaire-adjoint, rue Neuve-Saint-Étienne, n° 16;
Aubé, trésorier, rue de Ponthieu, n° 14;
Audinet-Serville, archiviste, r. de Buffault, n° 21 *bis.*

La Société ne correspond que par l'entremise de son secrétaire, M. Alexandre Lefebvre.

RECUEILS PÉRIODIQUES

SUR L'ENTOMOLOGIE.

BERLIN.

Jahrbücher der Insektenkunde, mit besonderer Rücksicht auf die Sammlung im kœniglichen Museum zu Berlin, herausgegeben von Dr Fr. Klug. — *Annales d'entomologie, concernant principalement la collection du Muséum royal de Berlin*, publiées par le Dr Klug (1).

Sous ce titre, le célèbre Klug a publié, en 1834, un premier volume renfermant plusieurs mémoires sur l'entomologie, et terminé par une analyse des ouvrages les plus récens sur cette science. Ainsi que l'indique le titre, les mémoires de ce volume ont principalement trait à la riche collection du Muséum de Berlin. Deux planches coloriées sont jointes au texte. M. Klug annonce que les volumes suivans paraîtront à des époques indéterminées.

Prix de ce volume en France, 9 fr. On peut se le procurer à la librairie Schmidt et Grucker, à Strasbourg.

---

(1) Le titre et la promesse que fait l'auteur de donner suite à cet ouvrage, m'ont engagé à le comprendre parmi les recueils périodiques.

LONDRES.

The Entomological Magazine. Ce recueil, dont le premier numéro a été publié au mois de septembre 1832, paraît tous les trois ou quatre mois par livraisons d'environ cinq feuilles et demie in-8°, avec planches. Prix de chaque livraison, 3 schelling, 6 deniers (4 fr. 4 c.).

On s'abonne à Londres, chez Frederick Westley et A. H. Davis, *Stationers'-Hall-Court.*

The Transactions of the Entomological Society of London. — Mémoires de la Société entomologique de Londres.

La publication de ces mémoires est confiée à un comité de rédaction de neuf membres auxquels s'adjoignent le présisident, le vice-président, le secrétaire et le trésorier de la Société.

Je crois qu'il doit en paraître quatre fascicules par an; le premier fascicule a seul été publié jusqu'à présent; il forme environ 100 pages, avec sept planches. Le prix de ce cahier est de 7 schelling 6 deniers; 10 fr. à Paris.

S'adresser au secrétaire de la Société entomologique, 17 *Old Bond Street,* à Londres.

MUNICH.

Faunus, Zeitschrift für Zoologie und vergleichende Anatomie — Faunus, recueil périodique de zoologie et d'anatomie comparée, publié par Jean Gistl.

Cet écrit, qui embrasse, ainsi que l'indique son titre, toutes les parties de la zoologie, existe depuis l'année dernière, et contient de nombreux articles sur l'entomologie, principalement dus à M. Gistl et à M. Westerhauser. Il y est joint un supplément sous le titre d'*Acis.*

Les cahiers paraissent à des époques indéterminées. Trois cahiers forment un volume de douze feuilles in-8°. Chaque volume est accompagné du portrait d'un naturaliste distingué.

Le premier volume a paru.

Le prix de chaque volume est de 2 florins, 42 kreutzer (5 fr. 80 c.), pris à Munich.

On s'abonne chez M. George Jaquet, libraire, Bazar nos 7 et 8, à Munich.

PARIS.

Les *Annales de la Société entomologique de France*, fondées en même temps que la Société entomologique, paraissent tous les trimestres par cahiers in-8° qui augmentent continuellement de volume. Ainsi, le premier cahier avait sept feuilles d'impression; le onzième, qui est le dernier publié, en a quinze. Chaque livraison est accompagnée de planches supérieurement exécutées.

Les *Annales*, dirigées par un comité de rédaction de cinq membres, publient exclusivement les travaux qui ont été lus à la Société, ou qui, du moins, lui ont été communiqués par extraits.

Chaque numéro est accompagné d'un *Bulletin entomologique*, contenant des extraits des procès-verbaux des séances de la Société.

Le prix d'abonnement aux *Annales* consiste dans la cotisation que paient les membres de la Société entomologique. (Voir ci-dessus, p. 100.)

S'adresser, pour tout ce qui concerne le recueil, à M. A. Lefebvre, rue de Provence, n° 19, à Paris.

Magasin de Zoologie, publié par M. F. E. Guérin.

Ce recueil périodique, fondé en 1831, est divisé en quatre sections, qui comprennent toutes les parties de la zoologie. On peut s'abonner pour chacune des sections séparément. La troisième section traite des *Insectes;* elle coûte 18 fr. par an, moyennant lesquels on reçoit cinquante planches avec le texte.

Le but principal de ce recueil est de faire connaître des espèces nouvelles. Cependant, il contient aussi souvent des mémoires généraux sur des genres entiers et même des familles.

Les planches sont faites avec cette supériorité digne de la réputation de M. Guérin.

Une nouvelle partie vient d'être jointe à cet écrit périodique : c'est un *Bulletin zoologique* ou annonce et analyse de tous les ouvrages et mémoires qui se publient sur la zoologie, l'anatomie et la physiologie comparée, et tout ce qui a rapport à ces sciences dans les travaux des académies et sociétés savantes, etc.

Ce *Bulletin* est aussi divisé en trois sections, auxquelles on peut s'abonner séparément. Il paraît tous les mois par cahiers de trois feuilles in-8°. Le prix de la troisième section, comprenant les travaux relatifs aux *Articulés*, est de 11 fr. par an franc de port.

On s'abonne à Paris, chez M. Lequien, libraire, quai des Augustins, n° 47.

STRASBOURG.

Revue entomologique, publiée par G. Silbermann.

Depuis plusieurs années, j'avais conçu le projet de créer un recueil périodique français, exclusivement consacré à l'entomologie; mais diverses circonstances m'en empêchèrent jusqu'au mois de mars 1833, où je me décidai à en publier la première livraison.

Depuis cette époque, il n'en a paru que quinze livraisons, les premières ayant été retardées par des circonstances indépendantes de ma volonté. Mais maintenant sa marche est plus régulière, et les livraisons se suivent avec assez d'exactitude, de mois en mois.

Profitant de la position géographique de la ville que j'habite, je tâche principalement de publier des travaux provenant de l'Allemagne, et surtout de tenir les lecteurs au courant de la bibliographie entomologique de France et d'Allemagne.

Les livraisons se composent d'au moins trois feuilles in-8° d'impression, avec planches. Six livraisons forment un volume. On ne peut s'abonner pour moins de douze livraisons. Prix, 36 fr. franc de port pour toute la France.

On s'abonne à Strasbourg, chez l'auteur, place Saint-Thomas, n° 3 ; à Paris, chez M. Lequien, libraire, quai des Augustins, n° 47, et M. Roret, libraire, rue Hautefeuille, n° 10 *bis*.

SUPPLÉMENT.

Asmuss, candidat en philosophie, membre de la Société entomologique de France; à Dorpat (Livonie).

Barth (Chrétien), amateur de lépidoptères; à Strasbourg, rue Mercière, n° 3.

Bavalan (le marquis de), membre de la Société entomologique de France; à Vannes (Morbihan).

Bernier, chirurgien de la marine royale; à Madagascar; a fait l'année dernière un bel envoi de coléoptères au Muséum de Paris.

Botta; a fait un voyage en Nubie, et en a rapporté de beaux coléoptères, dont il a fait don au Muséum de Paris; à Paris.

Goudot, entomologiste infatigable; a déjà fait deux voyages à Madagascar, dont il a rapporté de magnifiques collections de coléoptères, qui ont été acquises par le Musée royal de Berlin, et M. Dupont, à Paris. M. Goudot, qui est en ce moment à Paris, va repartir pour Madagascar, et y continuer ses précieuses explorations, malgré les dangers nombreux que l'insalubrité du climat oppose aux voyageurs européens.

Darbas, juge de paix, à Sainte-Marie-aux-Mines; s'occupe de lépidoptères.

Fontaines, chirurgien en chef du port d'Alger; a rapporté du Chili et du Pérou de très-beaux insectes qu'il a donnés au Muséum de Paris.

Lasaulce, directeur de l'École normale, à Metz; s'occupe d'entomologie.

Maravigna (Carmelo), professeur de chimie à l'Université de Catane, membre de la Société entomologique de France et de plusieurs sociétés savantes; à Catane (Sicile).

Morisse, étudiant en médecine, membre de la Société entomologique de France; au Hâvre-de-Grâce (Seine-Inférieure).

Résal, pharmacien, à Remiremont (Vosges); s'occupe de lépidoptères.

Saglio, négociant, membre de la Société entomologique de France; à Paris.

Utzschneider, amateur de lépidoptères; à Sarreguemines.

Wapler (Émile), s'occupe de coléoptères; à Mulhausen.

RÉSIDENCES

DES

ENTOMOLOGISTES VIVANS,

PAR ORDRE ALPHABÉTIQUE.

(Le chiffre indique la page où le nom est cité.)

Zurich (*Suisse*). — Bremi, 9. — Escher-Zollikoffer, 21. — Heer, 23. — Oken, 55. — Schinz, 64. — Schulthess, 65. — Schulthess-Escher, 65.

Résidences inconnues (1).

Beckerey, 5. — Boksch, 8. — Brigtwell (en Angleterre), 9. — Dujardin, 19. — Galli, 26. — Griesbach, 31. — Hering, 34. — Hervé, 34. — Hentz, 34. — Heynemann, 35. — Klustine, 39. — Konorini, 40. — Leach, 42. — Loss, 47. — Martini, 49. — Moux-Deloche, 52. — Müller, 53. — Nicolaï, 54. — Poulier, 58. — Puzos, 58. — Schreckenstein, 65. — Siebold, 66.

(1) Sous cette rubrique sont compris tous les entomologistes dont je n'ai pu me procurer l'adresse.

TABLE DES MATIÈRES.

ERRATA.

Page 14. Colcru; lisez *Couleru*, peintre, membre de la Société entomologique de France; à Neuville (Suisse).

— 19. Drensen; lisez *Drewsen*.

— 26. Casperini, à effacer; vient de mourir.

— 42. Laveau, à effacer.

— 38. Kareline; ajoutez, en Turkoménie.

— 45. Leuchtemberg (duc de), à effacer; vient de mourir.

— 47. Lyonnet, à effacer; est mort depuis long-temps.

— 49. Marklin, à effacer.

— 52. Monlet de Laroche; lisez *Montet de Laroche*.

— 59. Reichel, à effacer.

— 61. De Romand; ajoutez: A Tours (Indre-et-Loire).

— 63. Sattler, à effacer.

www.ingramcontent.com/pod-product-compliance
Ingram Content Group UK Ltd.
Pitfield, Milton Keynes, MK11 3LW, UK
UKHW020237220726
13923UKWH00002B/708

9 782016 178836